测绘科技专著出版基金资助

空间数据挖掘视角

SPATIAL DATA MINING VIEW-ANGLES

王树良　著

测绘出版社

·北京·

内容简介

空间数据挖掘是一个从海量数据中概括知识的不确定过程，不同用户在不同条件下有着不同的挖掘要求。本书提出空间数据挖掘视角，描述不同的数据挖掘需求，实现从相同数据向多种知识的变粒度挖掘。空间数据挖掘不确定性的内因和外因，决定了在空间数据挖掘视角中管控不确定性的技术。云模型集成模糊性和随机性，数据场刻画数据的自然拓扑关系，能够实现定性定量的相互转换。滑坡监测数据挖掘视角和网络化数据挖掘视角表明，空间数据挖掘视角发现的多粒度知识可以满足不同用户的需求。本书可为空间数据挖掘、地球空间信息科学、计算机科学和复杂网络等研究提供参考，亦可作为相应专业的高年级本科生或研究生的教学用书。

图书在版编目(CIP)数据

空间数据挖掘视角/王树良著. —北京:测绘出版社，2008.10

ISBN 978-7-5030-1880-0

Ⅰ. 空… Ⅱ. 王… Ⅲ. 数据采集—计算机应用—地理信息系统 Ⅳ. P208-39

中国版本图书馆 CIP 数据核字(2008)第 150178 号

责任编辑	金　君	封面设计	李　伟
出版发行	测绘出版社		
社　　址	北京西城区复外三里河路 50 号	邮政编码	100045
电　　话	010—68512386　68531609	网　　址	www.sinomaps.com
印　　刷	北京盛通印刷股份有限公司	经　　销	新华书店
成品规格	169mm×239mm	印　　张	10.25
字　　数	198 千字		
版　　次	2008 年 10 月第 1 版	印　　次	2008 年 10 月第 1 次印刷
印　　数	0001—2000	定　　价	27.00 元

书　　号 ISBN 978-7-5030-1880-0

如有印装质量问题，请与我社发行部联系

作者简介

王树良，男，1975年生，武汉大学和香港理工大学博士，清华大学博士后，武汉大学教授，全国优秀博士学位论文、教育部新世纪优秀人才、霍英东青年教师二等奖、IBM教师奖、Citibank教师奖、湖北省"五四"金质奖章等荣誉获得者。担任International Journal of System Science、International Journal of Data Mining and Data Warehousing等Guest Editor，Data Mining and Knowledge Discovery、ISPRS Journal of Photogrammetric and Remote Sensing等Paper Reviewer，Advanced Data Mining and Applications学术委员会合作主席。已发表为SCI等收录论文多篇，Springer等为其出版专著3部。主要研究空间数据挖掘。

前　言

1989年，在美国召开的第一届国际联合人工智能学术会议上，首次出现了从数据库中发现知识(Knowledge Discovery in Database，简称KDD)。1993年，李德毅院士把计算机科学界开展数据挖掘的研究动向告诉了其兄长李德仁院士。1994年，在加拿大渥太华举行的GIS国际学术会议上，李德仁院士首次提出了从GIS数据库中发现知识(Knowledge Discovery from GIS)的概念，并持续发展为空间数据挖掘。随后，李德仁院士和李德毅院士兄弟二人筹划共同指导空间数据挖掘的博士。由于该项研究的难度较大，直到1995年邸凯昌决定跟随他们做博士论文后，他们的上述想法才得以初步实现。在完成其博士论文后，邸凯昌博士去了美国俄亥俄州立大学做博士后，武汉大学出版社将其博士论文出版。1999年，在邸凯昌博士答辩时，他们发现我对空间数据挖掘有浓厚的兴趣和一定的研究基础，于是又共同指导我在邸凯昌的基础上继续向前研究。在恩师的指导下，我顺利完成了博士学业，于2002年12月毕业，博士学位论文《基于数据场与云模型的空间数据挖掘和知识发现》在2005年有幸获得了全国优秀。

此时，测绘出版社的编辑邀请我出版自己的博士学位论文，并帮助我申请到测绘科技出版基金的支持。为了在《空间数据挖掘理论与应用》的基础上深化自己的研究，以及凸显博士学位论文"空间数据挖掘视角"的原始创新，我几乎再次重做了博士学位论文，并把书名确定为《空间数据挖掘视角》。同时，在研究过程中也注重和新的技术结合，把"空间数据挖掘视角"置身于复杂网络中研究。历经三载有余，晨钟与薄暮相连，寝食与出行共牵，知识与思维冲突，终成此书。书稿成时，曾广邀不同学科的四方师长共教，八方朋友同阅，每获指导，欣喜若狂，立即修正。如此写写改改，数易其稿，字斟句酌，又是数月。

空间数据挖掘是一个从具体海量数据到概括抽象知识的不确定浓缩过程。而且，在这种不确定的挖掘环境中，不同用户在不同条件下对空间数据挖掘具有不同的要求。本书提出空间数据挖掘视角，在描述不同数据挖掘需求的基础上，利用一定的数据挖掘算法，从大量空间数据中发现不同粒度的空间知识。基于空间数据挖掘，研究相同的人从不同的知识背景，或不同的人从相同的知识背景下，根据给定的目的要求，基于不同的认识层次或观察点，从已经获得的空间数据中，发现用于研究、解决和解释自然、人类和社会的问题、现象的模式的角度。在讨论空间数据挖掘视角的背景、内容和技术的过程中，试图探寻空间数据挖掘一般视角规律，也在滑坡监测数据挖掘视角和网络化数据挖掘视角中取得了有意义的成果。

本书的研究工作，先后获得了国家重点基础研究发展规划(973 计划)“对地观测数据-空间知识-地学知识转化机理”(2006CB701305)和“需求工程—对复杂系统的软件工程的基础研究”(2007CB310804)、国家自然科学基金“变视角空间数据挖掘”(60743001)、全国优秀博士学位论文基金“多源变粒度可视化空间数据挖掘的机理及其实现”(2005047)、新世纪优秀人才支持计划“空间数据挖掘视角”(NCET-06-0618)等科研项目的资助。本书的出版，则是测绘科技出版基金鼎力资助的结果。

本书的网络化数据挖掘视角，是刘欣硕士、伍爵博博士和我共同研究的成果，对此表示诚忱的感谢！

感谢测绘出版社，特别是编辑的大力支持。他们的艰辛劳动，促成了本书的顺利出版。

感谢所有曾经、正在或将来鼓励、爱护和帮助我研究空间数据挖掘的单位和个人。

本书的研究虽然取得了一定进展，可是，由于研究深度和水平所限，书中仍然难免存在疏漏和不足之处，敬请广大读者批评指正。

王树良
2008 年 7 月 26 日

目　录

Contents

第1章　空间数据挖掘的同异性

空间数据过量增长而难以全面利用的瓶颈，促成了空间数据挖掘的产生。空间数据挖掘的难点之一是，顾及空间数据挖掘的同异性，挖掘不同用户在不同环境下所需的不同隐含知识，这些难点促成了空间数据挖掘视角的产生。

§1.1　空间数据过量而难用

空间数据是描述实体在空间现实世界的具体地理方位和空间分布的数据，指空间实体的属性、数量、位置及其相互关系等的空间符号描述，可以是点的高程、道路的长度、多边形的面积、建筑物的体积、像元的灰度等数值，也可以是地名、注记等字符串，还可以是图形、图像等多媒体成分。与普通的事务数据相比，空间数据具有空间性、时间性、多维性、大数据量、空间关系复杂等特点。空间数据的数量急剧膨胀，而且日益复杂多变，但是人们对数据的分析利用能力远远小于数据的生产、传输和累积能力，大量数据只能被迫束之高阁(Ester et al.，2000)。

1.1.1　空间数据的过量增长

现代空间数据获取设备和计算机网络等信息技术的迅速发展，使得空间数据的数量、大小和复杂性及其传输的速度都在飞快地增长。而且，空间数据的膨胀速度也极大地超出了常规的事务型数据。

遥感对地观测日益成为人类获取空间数据的重要技术支撑，随着人类对自身生存环境的日益关注，它已经成为社会、政治和经济的发展决策不可或缺的重要组成部分。现在，星载传感器、卫星发射、控制等系列硬件技术已经取得了重大突破，未来的天基信息系统和对地观测系统拟通过努力，建立具有准实时、全天候获取各种空间数据的能力，并逐步形成集高空间、高光谱、高时间分辨率和宽地面覆盖于一体的卫星(群)对地观测系统。感知器的飞速发展，也使得描述空间对象属性的波段数目由几个增加到几十甚至上百个。遥感对地观测技术正在形成一个多层次、多角度、全方位和全天候的全球立体对地观测网，高、中、低轨道结合，大、中、小卫星协同，粗、细、精分辨率互补(图1-1)。

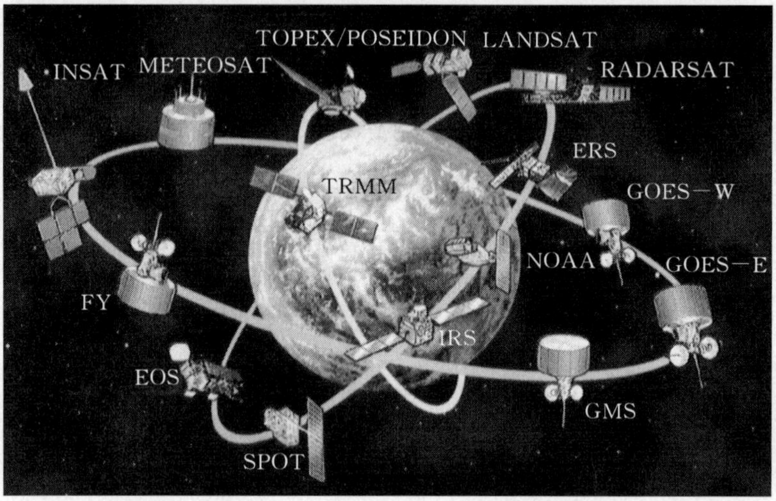

图 1-1 全球立体对地观测网
（源自：李德仁，2006. 空间数据挖掘和知识发现）

传感器的地面分辨率数量级从千米到厘米，波段范围从紫外到超长波，时间间隔从十几天一次到每天三次，探测深度从几米到万米。在以高空间、高光谱、高动态为标志的新型遥感对地观测技术中，新型的高分辨率卫星遥感数据如 Quick Bird、IRS、IKONOS 等已提供使用。多传感器、多用途、多分辨率、多频率的 EOS 更可以提供 MODIS 成像光谱数据、ASTER 热红外数据、测云和 4-D 模拟的 CERES 数据、MOPIT 数据以及 MISR 数据。高分辨率、高动态的新型卫星传感器不仅波段数量多、光谱分辨率高、数据速率高、周期短，而且数据量特别大，一般情况下数据的容量均在千兆量级以上。仅 EOS-AM1 和 PM1 每日获取的遥感空间数据量就以 TB 级计算。Landsat 每两周就可以获取一套覆盖全球的卫星影像数据，目前已经积累了全球几十年的数据。

空间数据基础设施的建设速度和由此积累的空间基础数据也正在递增。空间数据基础设施积累了大量的城市电子地图数据库、城市规划道路网络数据库、工程地质信息数据库、用地现状信息数据库、总体规划信息数据库、控制性详细规划数据库、市政红线数据库、建筑红线与用地红线数据库、地籍数据库以及覆盖全市范围的土地利用及基本农田保护规划数据库等空间基础数据。更进一步地，除了这些已经存储和积累的数据，每时每刻还都在采集和产生新的空间数据。这些数据，拓宽了可供人类利用的空间数据资源。

1.1.2 空间数据的处理滞后

空间数据是国家的基础性战略资源，"以信息化带动工业化"的指导方针是现代化发展的基本国策，空间数据资源的占有和有效配置也是信息时代的显著标志。

利用空间数据的能力意味着竞争实力，数据利用技术的先进与落后，已成为比较各国技术力量和综合国力的重要指标，很多国际争端和贸易争端最终都以数据资源的垄断利用与反垄断利用形式具体体现在谈判桌上和战场上。

可是，对地观测数据具有海量、多类型及空间关系复杂等特点，现有的数据处理与信息提取方法难以适应其目前和将来的发展需要，海量数据资源的处理和应用成为瓶颈(图1-2)。

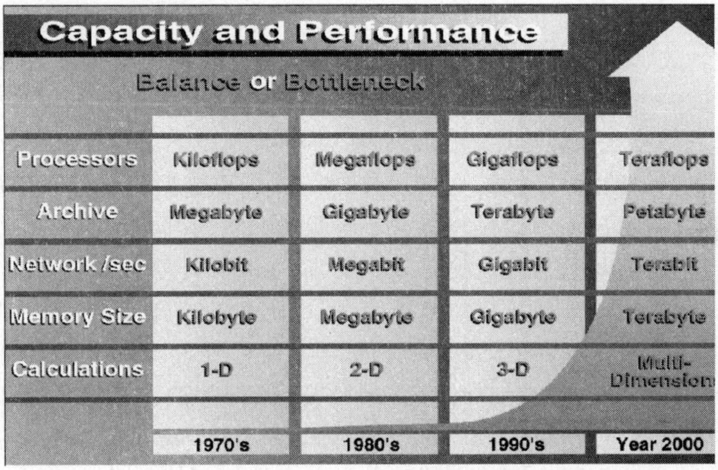

图1-2　海量数据资源的处理和应用是瓶颈
(源自：李德毅，2007.不确定性人工智能)

首先，数据库系统可以实现数据的录入、修改、统计、查询等显性功能，达到节省存储空间和提高查询速度的目的，却无法发现隐藏在空间数据背后的隐性知识。而且，空间数据的固有特点常使一些算法因计算量过大而难以实施。

其次，地理信息系统能够处理大量空间数据，实现基本的叠加、缓冲、插值等空间分析功能，却重在研究如何建立数据库、如何保证数据利用分析的连续性、编辑系统文档和空间数据的发展。可是，空间数据的深层次处理功能比较薄弱。

第三，常规的遥感图像处理理论和方法主要基于数理统计分析模式，完成从数据到信息的转变过程，所能处理的数据量、自动化和智能化水平十分有限。其结果多数停留在定性的程度，既没有实现从信息到知识的转变过程，也没有考虑空间数据的不确定性。各种商业图像处理软件(ERDAS、IMAGINE、PCI、ENVI等)，由于缺乏新的图像处理理论和方法的支持，难以实现对诸如混合像元、影像的自动匹配、地物目标的自动提取等问题的自动处理，因而不能完全满足处理现代遥感多源影像数据的要求(王树良，2002)。

第四，现有的数理统计、数据库、人工智能和机器学习等技术，都不能独立地彻底冲破这种过量空间数据所带来的瓶颈，也不能独立最大限度地利用空间数据。

例如，单独使用传统的统计方法，可能非常难以预测气候变量对土地植被的一般影响规律(Li,1997；Li et al.,2001,2002)。

第五，由于准确性低，大量空间数据并没有得到最好的利用。不准确的空间数据多与相应的数据类型有关，并受到数据处理方法、分类算法、位置精度、属性特征的时间变化、卫星影像分辨率和光谱特性等很多因素的影响(Buttenfield,1993)。地形特征可通过高精度量测得到，而森林或土壤的边界由于线的识别误差和量测误差的影响，则可能含有很低的精度。如果属性精度高，那么分类的结果应该和空间世界严格一致(Edwin et al.,1997)。除非通过实地踏勘等直接方法获取数据，否则很难保证一个分类的完全正确性，制图综合则可能把多个不同的属性类别归为同一类别。一般空间数据库构造时都是为了支持某个特定应用或业务环节，而没有关于空间数据的全局考虑。因为管理不统一，将数据集成到一起的工作量太大，也可能造成空间数据中错误较多(Lowell,1992)。

第六，传统的空间数据处理偏重硬计算，而忽视软计算，遇到不确定性的困难。首先，确定集合理论属于硬计算的范畴，对不确定性的处理能力十分有限。例如空间统计学 (Cressie,1991)需要大量的观测样本值来处理随机不确定性，然而不确定性的降低却并不等同于数据的数量增加 (Wang,2002)。其次，传统的不确定性处理工具常常是针对特殊环境下的特定不确定性形态，可是一个没有特定背景知识的普通用户，很难理解专家给出的某种不确定性的具体含义及其特性。例如，概率论能够处理随机性(Arthurs,1965)，但是普通用户难以理解概率论专家给出的特定概率密度函数 (Haining,2003)。再次，虽然模糊集处理模糊性(Zadeh,1994)，其算法属于软计算的范畴，但是难以确定其模糊隶属函数，而且一旦确定了模糊隶属函数，模糊集的软计算就立即变为硬计算。最后，传统的不确定性处理工具很少能够处理同时存在的多种不确定性(Wang,Shi,Wang,2003)。例如，“距离远”是模糊的概念，而“20m,100m,……”的距离又是随机的空间数据。

最后，空间数据海量而可能并非完备。完备性反映了空间实体数据欲得概括和抽象的程度。在一个大型企业中，数据完备性提高百分之四有可能会给企业带来上百万元的利润(Inmon,1996)。在利用现代数据获取设备采集空间数据时，人们所获数据不可能穷尽现实世界的全部，数学模型只是对复杂多变的现实世界的一种近似表达。获取的这些空间数据在被导入计算机系统并用于分析决策的过程中，又被部份舍弃或删除。而且，在空间数据挖掘中，用户可能不一定对数据库中的所有数据感兴趣，用户可能为了得到更精炼的信息，而只挖掘某一时期内空间数据中隐含的空间模式。因此，空间观测数据，尤其用于空间数据挖掘的数据，并不是现实数据的全部，而是对母体数据的抽样，是非完备的。空间数据的数量巨大并不等同于数据完备，大量观测数据也可能不是其母体的完备样本，人们也只是利用有限的样本观测数据认识无限的母体客观世界，并在此基础上进行不完备决策。

可是，空间决策要求数据将其作用从样本空间扩展到整个母体空间，进行利用样本逼近母本的完备决策。

1.1.3　空间数据难用的后果

空间数据的利用瓶颈，也导致了很多相关的问题。

首先，由于空间数据处理手段的相对滞后，目前发射的对地观测卫星所接收到的图像数据仅有5%～10%能得到及时处理并提供用户使用，而大量数据被迫束之高阁。美国国防部也已经没有能力完全处理其侦察卫星没完没了拍摄下的遥感影像数据。随着对地观测卫星的陆续发射，数据处理能力不足的矛盾将更加突出。

其次，空间数据是人们据以认识自然和改造自然的重要数据，个别卫星自发射上天后，由于缺少自动化程度较高的数据接收、处理和分发系统，几乎未得到实质性应用。若给定位置、给定时间的环境变化时，则难以利用这些卫星数据对该特定位置、特定时间的时空状态进行预测。

第三，如果在对地观测数据处理等方面缺少系统深入的研究，没有掌握关键方法和技术，地面接收和预处理系统采用国外设备和软件，那么不仅耗费大量的外汇资源，而且将暴露自行设计的卫星系统参数，给国家安全带来严重隐患。

第四，高效合理地利用数据资源，是减小对物质资源和能量资源的巨量消耗，实现可持续发展的必要条件。而且，人们对空间数据的需求水平越来越高，已经不满足于明确显现在数据表层的检索、查询，也希望能够抛弃无意义信息，深入到数据深层，而只对感兴趣的数据进行更高层次的分析和利用。

第五，空间数据库是一种原始的、混乱的、不成形的、杂乱无章的自然状态积累，空间数据的持续累积，加重了数据存储的负荷，也提高了解决空间数据内问题的难度，致使污染数据掩盖了洁净数据，无用数据掩盖了目标数据。空间数据在不同时期的表示存在差异，随着空间数据库的发展，有些数据在以前的数据库中没有记录，在现有的数据库中可能需要记录。如果所需要的空间数据的域或记录在设计时未被记入空间数据库，采集和编辑空间数据的每条决策规则没有考虑空间实体的各种变量和影响因素，那么输入空间数据库的数据就不能充分描述物体所有可能的属性和变量特征，所有可能的目标没有全部被包含在空间数据库中。量测技术标准中的所有特征如果没有被全部按照准则、定义和其他规则采集，那么留作识别空间目标的重要特征就可能因为评估技术标准而被融合掉。

在空间数据挖掘的特定问题或特定环境中，空间数据库是海量空间数据的集合，是经验和教训的积累，是一种可以从中生长出秩序和规则的数据资源宝藏，当达到一定程度时，必然会反映出某些为人所感兴趣的规律。因此，只有研究新的交叉学科的理论、技术和方法，研究适合于从纷繁复杂的空间数据中发现知识的对地观测数据处理技术，创建新的计算策略并发展新的高效算法，才能突破瓶颈，将数据最大限度地利用。

§1.2 空间数据挖掘的产生

空间数据挖掘是多学科交叉的产物,旨在利用一定的理论方法,透过空间数据表观上的千头万绪、杂乱无章,发现蕴含在数据资源中的规则性、有序性、相关性和离群性(Li,1997),即去粗存精,去伪存真。同时,从大量具体数据中发现少量概要知识的空间数据挖掘,也是一个不确定的知识发现过程。在许多侧重于不确定性分析的空间数据挖掘领域中,数据的不确定性问题将直接影响分析决策结果的准确性和可靠性。

1.2.1 学科交叉的产物

1989年8月于美国底特律市召开的第一届国际联合人工智能学术会议上,数据库、人工智能、数理统计和可视化等技术会师,首次出现了从数据库中发现知识(Knowledge Discovery in Database,简称KDD)。人们终于认识到,很多知识原来就隐藏在大量的数据之中。1994年,李德仁院士在渥太华举行的GIS国际会议上,提出了从GIS数据库中发现知识(Knowledge Discovery from GIS,简称KDG)的概念,并系统分析了空间知识发现的特点和方法,认为它能够把GIS有限的数据变成无限的知识,精练和更新GIS数据,促使GIS成为智能化的信息系统(Li,Cheng,1994)。1995年,在加拿大召开的第一届知识发现和数据挖掘国际学术会议上,数据库中的数据被形象地喻为矿床,又出现了数据挖掘(Data Mining,简称DM)。1997年,国际学术杂志《Data Mining and Knowledge Discovery》创刊。

因此,空间数据挖掘是空间数据获取技术、空间数据库技术、计算机技术、网络技术和管理决策支持技术等发展到一定阶段的产物,是多学科相互交融和相互促进的新兴边缘交叉学科,汇集了机器学习、人工智能、模式识别、空间数据库、统计学、空间信息系统和网络等各学科技术的成果。

1.2.2 研究应用的热点

目前,空间数据挖掘已经成为国际研究和应用的热点(Han,Kamber,2001),正在引起人们越来越多的关注,并在很多领域中取得了一定的理论和应用成果。例如,空间决策支持,智能地理信息系统(GIS),可持续能源和环境,知识驱动的影像解译,机器人动作规划,计算机辅助设计,遥感(RS),全球定位和导航系统(GPS),天气预报,交通管理,环境保护,地质,农业,生物等(Fayyad et al.,1996;Di,2001;Ester et al.,2000;Miller,Han,2001; Wang,2002;Piatetsky-Shapiro,2007)。

李德仁院士指导自己的团队，率先提出了云模型、数据场、地学粗空间和空间数据挖掘视角等新技术，构建了空间数据挖掘金字塔，研究了空间数据挖掘的数据源，导出了空间观测数据清理的“李德仁法”，研究了基于空间统计学的图像数据挖掘，提出了“数据场—云”聚类、基于数据场的模糊综合聚类和基于数学形态学的聚类知识挖掘算法，研究了基于归纳学习的空间数据挖掘、基于概念格的遥感图像数据挖掘和 GIS 数据挖掘，结合滑坡监测、银行经营收益分析及选址评价、遥感图像土地利用分类、土地资源评价、火车运行安全检测等实际例子系统研究了空间数据挖掘可操作性，并在此基础上自主研制了空间数据挖掘原型系统 GISDBMiner 和 RSImageMiner（李德仁，王树良，李德毅，2006）。Koperski and Han（1995）提出了一种在地理信息数据库中挖掘强空间关联规则的算法，并给出了两步式的空间优化技术。Knorr and Ng(1996)研究了空间数据挖掘中的聚类和特征关系，提出了发现聚合亲近关系和公共特征的算法。Kjerfve et al.（1996）在分析巴西 Logoa de Araruama 的盐渍海岸礁湖的时间序列的空间数据时，发现了保持水文和盐分平衡的知识。Eklund，Kirkby and Salim（1998）在土壤盐度分析中把决策支持系统和 GIS 数据相结合，发现了用于环境规划和二级土壤盐化监测的规则。Murray and Estivill－Castro（1998）曾回顾过探测性空间数据分析的聚类发现技术，分析了基于统计学、数据挖掘和地理信息系统的空间模式识别和知识发现方法。Bigolin（1998）利用模糊决策树在面向目标的空间数据库中挖掘区域分类规则。Koperski，Adhikary and Han(1999)总结了空间数据挖掘的发展，就空间数据生成、空间数据聚类和挖掘空间数据关联规则等方面总结了空间数据挖掘的最近发展。Zhou，Truffet and Han（1999）研究了用于空间在线数据挖掘的多边形合并方法，认为基于占有的算法比基于邻接的算法更节省计算量。Lin，Zhou and Liu(1999)根据类别和特征，研究了空间数据库中的临近关系匹配算法。Ankerst et al.（1999）分析了空间目标的形状属性，利用 3D 形状的直方图表示空间数据库中的相似搜寻和分类。Ravantti and Bamford（1999）用三维可视化的空间数据挖掘技术分析了用于表示高分子结构的密度图，兼顾了感兴趣的确定部分和可能的扩展部分。Maceachren et al.（1999）集成了地理可视化和空间数据挖掘，从结构化的多元时空数据集中构筑知识。Ester et al.（2000）研究了多空间物体的相邻关系的处理技术，集成了空间数据挖掘算法和空间数据库管理系统，并利用相邻图形和路径以及小型的初始数据库操作挖掘空间模式，使用相邻索引来提高初始数据库的处理效率。Aspinall and Pearson（2000）把风景生态学、环境模型和 GIS 结合在一起，通过综合地理评估，研究了美国黄石国家公园的汇水处环境条件，发现了用于环境保护的关联规则。Sester（2000）利用基于导师的机器学习技术，从给定样本空间数据库中获取了指导空间数据自动解译和操作的知识。Lee（2000）在空间统计学中用模糊神经网络估计了处理空间分布异常的规则。Clementini，Felice and Koperski (2000)在宽边界的空间实体中挖掘出了多层次的空间关联规则。Vazirgiannis and Halkidi (2000)在用模糊逻辑处理数据挖掘的空间不确定性。Han and Kamber(2001)在其数据挖掘专著中,系统讲述了空间数据挖掘的概念和技术。Tung,Hou and Han (2001)提出了一种在空间数据挖掘中实行空间聚类时,处理河流、高速公路等阻隔的算法。Shi and Wang(2002)提出了基于不确定性的空间数据挖掘。王新洲、史文中和王树良(2003)研究了空间数据挖掘中模糊信息的处理。Wang et al.(2004)给出了一种在空间数据挖掘中处理多种不确定性的模型。这必将极大地拓宽空间数据在研究和应用中的使用范围。《Data Mining and Knowledge Discovery》在2007年的创刊十周年之际,邀请不同领域的国际数据挖掘权威学者,从不同角度全面地总结展望了数据挖掘的理论研究和实际应用的成果及其进一步发展方向,就多次提到空间数据挖掘。

1.2.3 不确定的空间数据挖掘

在空间数据挖掘的过程中,逻辑思维和形象思维的很多内容是基于确定和不确定的相互影响和作用。客观世界和主观世界是不是完全确定的?具有完全确定的东西更完美,还是具有部分不确定性的东西更完美?不确定性中有没有规律性?如何表达这种规律性?思维、想象和空间数据挖掘过程,实际上是在不同粒度上认识数据、概念和图像,是发现状态空间在不同抽象层次上的知识表现;也是从高维数据和图像空间降维的过程,丢舍去不太重要的维,留下主成分后的发现状态空间的知识表现。在高维空间中的两个物体是不同的,但是把它们投影到低维空间,看上去就是一样的了。这种视觉上的相似性,就是空间数据挖掘的归约,虽然过程含有强烈的不确定性,但是满足了人们的数据归纳要求。

自动化系统专家A. H. Levis和M. Athans认为不确定性是需要知道的知识与已经知道的知识之差。Miller and Richman (1993)把空间不确定性划分为概念不确定性、位置不确定性、属性不确定性和元数据描述。后来,不确定性又被分为位置不确定性、拓扑不确定性、属性不确定性和时间不确定性(Goodchild,1995)。不确定性的表现形式则被进一步模型化为6种形态,即历程、位置不确定性、属性不确定性、逻辑一致性、完整性和时间不确定性(Shi,Wang,2001;2002)。正确和充分地使用不确定性,在基于空间数据挖掘的决策支持中,具有避免利用错误信息导致决策失误和度量信息支持度的作用。在The National Committee For Digital Cartographic Data Standards (NCDCS),Spatial Data Transfer Standard (SDTS)、The Digital Geographic Information Exchange Standard (DIGEST)和许多国际学会组织(如国际制图学会的空间数据质量专业委员会等)中,不确定性已经被列为空间数据质量的重要成分(Guptill,Morrison,1995;Burrough,Frank,1996;Shi,Goodchild,Fisher,2002)。

空间数据挖掘中的不确定性，可能包含在空间数据、挖掘的理论方法、挖掘的过程、知识特性、知识表达、知识解译、知识评价和应用中。合理地利用不确定性，可以救人们于数据的海洋之中，只是允许必要的数据进入决策思维。

首先，大量的目标空间数据可能含有不完备性、噪声、模糊性和随机性等。现实世界充满不确定性，当研究空间实体的任何一方面时，基本都不可避免不确定性的介入，因为在理解认识实体、采集数据或使用数据时，都可能存在不确定性。空间数据中的严重不确定性，应该识别出来加以利用，而不能置之不理，或假设实体是确定的，没有不确定性。因为空间数据是空间数据挖掘的目标，所以不确定性是和空间数据挖掘与生俱来的。

其次，空间数据挖掘是一个从具体到抽象，从特殊到一般的过程，它使用归纳法发现知识，使用演绎法评估所发现的知识，算法是归纳和演绎的结合。存在的数据处于最低的具体层次，大尺度，细粒度，是原始的，而未知的知识处于逐渐增大的抽象层次，小尺度，粗粒度，是精炼的。层次越高，挖掘过程和知识结果将含有越多的不确定性。

第三，空间数据挖掘的实施，比针对事务数据的普通数据挖掘更为复杂，例如图层的叠置、空间实体的缓冲、空间实体的叠加、多边形的合并与分割等，这不仅能够帮助人们从空间数据中挖掘更多的知识，而且也增大了不确定性产生的机会。

第四，挖掘的理论方法要求能够处理、管理、控制和利用不确定性的某些方面。例如，针对随机性的概率论和数理统计（Arthurs，1965），针对模糊性的模糊集（Zadeh，1965）、针对非完备性的粗集（Pawlak，1991）、兼顾随机性和模糊性的云模型（Li，1997）等。可是，各种数学模型中的不确定性，可能在模型刻画实体及其属性时，进一步导致新的不确定性。

第五，知识结果可能是未知的、隐含的、有效的、新颖的、有用的和有意义的。空间或非空间的知识，都是事先未知、潜在有用和最终可理解的，并含有度量不确定性的参数。在不确定性的前提下，发现的空间知识类型有空间的普遍几何知识、分布规律、关联规则、聚类规则、特征规则、区分规则、演变规则、面向对象模式和偏差等，可用带有不确定性参数的特征表、谓词逻辑、产生式规则、语义网络、面向对象法和可视化等表达（邸凯昌，李德仁，李德毅，1997）。

第六，知识表达是不确定的。人们在思考时，利用更多的一般是定性概念而不是定量的数据。当很多定量的数据被转换为很少的定性概念时，最终发现的知识都是概要或综合的，这是一个从数据到概念的不确定转换过程。

第七，空间数据中的不确定性可能直接或间接地影响空间数据挖掘的质量。空间数据是空间数据挖掘的操作对象，其难以避免的不确定性也对挖掘的质量产生影响。数据中的不确定性是空间数据挖掘的输入，如果不确定性得不到足够的重视和合理的处理，那么 它可能导致空间数据挖掘的最终结果错误，甚至无果而终。错误的知识，在许多基于空间数据挖掘的决策中，将会进一步造成错误的决策。可见，顾及不确定性，增强所发现知识的可信度，是空间数据挖掘所不得不给予考虑的。Wang 和 Shi (2003)提出了基于不确定性的空间数据挖掘，在给定的要求和参数下，从含有不确定性的空间数据中析取知识。

第八，把空间数据不确定性减少到可接受的程度，主要有两个技术方向：一个是数据采集方向，强调数据的收集与融合，得到信息；另一个方向是认知方向，强调如何对信息进行加工处理，得到知识(Lee et al,1994)。过去，数据采集方向取得了很大的成就，如新一代传感器、数据融合系统、数据库技术和计算机网络技术等，在一定程度上改进了数据的采集和分配，同时新的目标跟踪算法和目标获取算法又改进了所产生信息的质量。认知方向强调认知过程本身的设计，以便使决策者拥有更多的知识，从而也就减少了不确定性。在这个方向上，空间数据挖掘视角技术将发挥重要作用(Wang,2002)。

第九，不确定性的减少与数据的增加并不等价。自动化系统专家 A. H. Levis 和 M. Athans 认为不确定性是需要知道的知识与已经知道的知识之差。此处的知识不是数据或信息。通过技术处理可以把数据变成信息，人也可以做部分技术处理工作。但是，从信息到知识的转换却是一个认知过程，目前一般由人和机器共同来完成。因此，不确定性的降低并不等同于数据的数量增加，一味地增加含有不确定性的数据，只会增大不确定性，而可能于事无补，甚至恶化。

可是，空间数据挖掘中的不确定性仍然是一个未定的问题，远远没有象空间数据挖掘本身一样得到同样的重视 (Ester et al. ,2000; Di,2001; Zhang,Goodchild,2002; Wang et al. ,2003)。虽然不确定性或空间数据挖掘，都分别已经有供自己使用的相当理论技术 (Li et al. ,2002;Shi,Wang,2001,2002)，但是每种方法都是侧重于自己的领域，在现有的文献中，很少能够见到同时综合处理空间数据挖掘和不确定性的研究或应用成果，如空间数据挖掘中不确定性的要素、测度、模型、传播和描述等。在空间数据清理中，也只是给出了数据不确定性的某些形态(Wang,Wang,Shi,2002)，并没有建立处理不确定性的模型。如果没有不确定性成果的支持，而要求用户带有高可靠性地认识空间数据挖掘的质量，那么可能仍旧存在困难(Kim et al. ,2003)。为了促进空间数据挖掘在研究和应用中更进一步的发展，空间数据挖掘应该重视不确定性的存在及其作用，在不同的挖掘层次上给予合理的处理和利用。

§1.3　空间数据挖掘的概念

空间数据挖掘(Spatial Data Mining，简称 SDM)是从大量的数据中挖掘一般知识的过程。简单地说，就是从空间数据中提取隐含其中、事先未知、潜在有用、最终可理解的空间或非空间的一般知识规则的过程(Koperski,Adhikary,Han,1996; Ester et al.,2000; Miller,Han,2001; 王树良,2002)。具体而言,就是在空间数据库或空间数据仓库的基础上,综合利用确定集合理论、扩展集合理论、仿生学方法、可视化、决策树、数据场等理论方法,以及相关的人工智能、机器学习、专家系统、模式识别、网络等信息技术,从大量含有噪声、不确定性的空间数据中,析取人们可信的、新颖的、感兴趣的、隐藏的、事先未知的、潜在有用的和最终可理解的知识,揭示蕴涵在数据背后的客观世界的本质规律、内在联系和发展趋势,实现知识的自动获取,为技术决策与经营决策提供不同层次的知识依据。

(1)空间数据挖掘的目的在于从空间数据库或空间数据仓库中提取事先未知且潜在有用的空间规则、概要关系、摘要数据特征、分类概念描述或偏差检测等知识,是基于空间数据的一种决策支持过程,具有数据动态变化、含噪声、数据不完整、信息冗余、数据稀疏和数据量超大等技术难点。

(2)空间数据挖掘的数据源是真实的、大量的、含噪声的,早已以电子形式存储在空间数据库中。原始空间数据可以是结构化的,如关系数据库中的数据,也可以是半结构化的数据,如文本数据、图形数据、图像数据,以及分布在网络上的异构型数据。数据源支持相应的发现,但发现的知识是隐含的,事先并不知道。

(3)空间数据挖掘的过程是发现,而不是证明。发现是自动或至少计算机辅助下的交互半自动。发现知识的方法可以是数学的,也可以是非数学的;可以是演绎的,也可以是归纳的。空间数据挖掘的多个步骤之间相互影响、反复调整、螺旋上升。

(4)空间数据挖掘的知识都是面向具体领域的,具有特定的前提约束条件和相对性。不要求发现放之四海皆准的知识,也不是要去发现崭新的科学定理或纯数学公式,仅支持特定的空间问题。发现得到的是人们感兴趣的非外在存储的知识、空间关系或其他有兴趣知识,同时还要易于接受、理解和运用,最好能够用包括自然语言在内的多种方式表示发现的过程和结果。发现的空间知识可以被用于信息管理、查询优化、决策支持和过程控制等,还可以用于数据自身的维护。

§1.4　空间数据挖掘的同异性分析

面对同样的空间数据集合,在不同的粒度、尺度、挖掘视角和不确定性参数下,不同的人可能从空间数据挖掘获得不同的知识结果(Wang,2002),即使同样的人,使用不同的挖掘方法,也可能得到不同的知识,而且,对同样的知识,不同的人评价和使用,其结果也很难完全相同。这些不同的结果,各有各的用途,反映了空间数据挖掘的认知差异。

1.4.1 同对象异数据

实体在一定程度上描述客观世界的存在,可以是世界中自然或人造的物体、现象、变化、状态、声音、图形、图像等。例如,地球空间信息科学中的地理现象,具有几何特征(点、线、面或体)的自然物体、事件、状态和过程等地学实体。

相同的实物对象,由于现实世界的客观复杂、人们主观认识的局限、技术方法的缺陷、计算机器的不足,或者异源数据的融合等设备、技术、资金和人力技能的局限性 (Han,Kamber,2001),可能导致表达相同空间对象的数据载体存在多种不同的内容形式,例如位置数据、属性数据、图形图像、网络数据、多媒体数据、空间关系数据、时间数据等多种形式。空间数据多种多样,各种空间数据可能有不同的类型,格式可能也不尽统一,在原来不同的应用场合亦可能采用了不同的单位或格式,记录中的各个空间数据项可能不完整或失效,也极有可能含有重复、错误和异常等质量问题(Koperski,1999)。当多源空间数据汇集一处时,就可能存在高维数据、不同的数据结构、不同的投影体系或度量单位等,以及噪声、误差的影响,必须予以统一(Hsu,1999)。空间数据挖掘的实际对象,可以是由图形数据库、影像数据库和属性数据库集成的空间数据库、空间数据仓库或空间文件系统,也可以是其他任何组织在一起的空间数据集合,如网络数据资源。这就是空间数据挖掘的数据多源差异性。

空间数据是能够表达实体的存在位置、空间分布及其属性的数据。用于采集空间数据的可能是雷达、红外、光电、卫星、多光谱扫描仪、数码相机、成像光谱仪、全站仪、天文望远镜、电视摄像、电子显微成像、CT 成像等各种宏观与微观传感器或设备的使用,也可能是常规的野外测量、人口普查、土地资源调查、地图扫描、统计图表等空间数据获取手段,还可能是计算机、网络、全球定位系统 (Global Positioning System,简称 GPS)、遥感(Remote Sensing,简称 RS)和地理信息系统(Geographical Information System,简称 GIS)等技术应用和分析空间数据的过程。具体包括空间数据的来源、原观测值(或原始数据),以及采集、编辑、存储和利用数据的方法、步骤、格式、转化、日期、时间、地点、人员、环境、传输与历史等。根据空间数据获取的特点,空间数据的获取可以分为点方式、面方式和移动方式三种(李德仁,王树良,李德毅,2006)。点方式获取指利用全站仪、GPS 接收机和其他常规的地面测量方式逐点地采集地表点的空间坐标及其属性;面方式获取指利用航空、航天遥感方式获取大面积的影像记录,从中提取出几何和物理特性;移动方式获取指在对地观测系统中,集成利用空间定位系统、遥感和地理信息系统获取、存储、管理、更新、分析和应用空间数据。

空间数据挖掘把空间数据看作空间现实世界的取代物,通过在空间数据中实施知识发现算法,获得空间现实世界运动的一般规律。在空间数据库中的数据,借助计算机化的物体，来表示空间世界中的复杂物体，不可能穷尽现实世界的全部信息，实质是一种近似的逼近。空间数据中所固有的不确定性的不同形态，能够在空间数据挖掘的过程中在不同的层次上传播和积累，例如空间数据挖掘的模型、对所发现的知识的解释和应用。在空间数据的采集、存储、更新、转换、访问、归档、恢复、删除和融合等生命周期中，不仅原有的不确定性被传播和累积，而且由于主观或客观条件的限制，又可能再次产生新的不确定性(Hernàndez, Stolfo, 1998; Kim et al., 2003)。空间实体对象包括历史信息、当前状态、和将来的发展趋势。在任何时刻，既接受来自其他实体的信息，也同时向外辐射自己的信息。在实体空间中，这些不同实体的信息就可能叠加、混合或变形(Mctaggart, 1993)。相同类别的实体可能散发不同的光谱信息，而不同类别的实体也可能散发相同的光谱信息，结果导致同物异谱或同谱异物现象的发生。实际上，遥感通过传感器探测光谱信息来采集空间数据，生成遥感图像数据的传感器的输出与目标物的光谱辐射亮度的关系密切，影响遥感图像数据质量的因素包括太阳辐射的光谱分布特性、大气传输特性、太阳的高度角和方位角、地物的波谱特性、传感器的高度和位置、传感器的性能和记录方式等多种。如果世界中实体散发的信息不能被观测设备所感知，那么这样的实体将在基于空间数据的决策分析中得不到体现。

1.4.2 同数据异结构

随着数据内容越来越丰富，数据结构也越来越复杂(图 1-3)。根据空间数据的结构，可以建立相关的数据模型，对数据的内容和数据之间的相互联系进行数学描述，表达空间实体及其之间的联系。空间数据模型是衡量数据库能力强弱的主要标志之一，目前主要有层次模型、网络模型、关系模型和面向对象模型等数据模型。

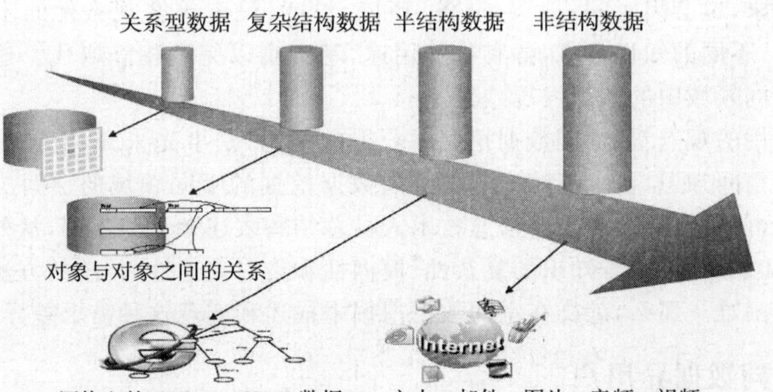

图 1-3 复杂的数据结构

(源自：刘梦赤，2007，复杂数据管理)

在计算机内，空间数据对于空间实体的描述主要是基于两种形式：显式描述（栅格数据结构）和隐式描述（矢量数据结构）。

矢量结构通过连续记录坐标的方式，用点、线、面等基本要素尽可能精确地来表示地理实体，地理实体的属性用其他数据项来表示，具有"位置明显，属性隐含"的特点。矢量数据结构直接由几何空间坐标为基础，记录取样点坐标，可以将目标表示得精确无误。在矢量结构中，空间实体是显式描述的，地球空间被看作是融地球要素存在其间的空域，各要素根据其空间形态特征分为点、线、面三大类，点的位置由坐标对表示，线的位置与形状由其中心轴线上的抽样点的坐标串表示，面的位置与范围由范围轮廓线上的抽样点坐标串表示。

栅格结构把地球空间看作一个在空间上处处有定义的连续整体，并将地球表面划分为大小均匀的规则网格阵列，每个网格为一个栅格（例如遥感影像的像元），具有"属性明显、定位隐含"的特点。每个栅格有惟一的行列号，并包含一个代码。栅格的行、列号惟一地确定标识空间位置，其代码表示像元的属性类型或与属性记录相联系的指针。行与列的数目取决于栅格的分辨率和空间实体的特征，实体特征越复杂，栅格尺寸越小，分辨率越高，栅格数据量按分辨率的平方指数率增加。在栅格结构中，点用一个栅格表示；线状地物用沿线走向的一组相邻栅格表示；面状地物或区域则用具有相同属性的相邻栅格集合表示。

1.4.3 同数据异需求

面对相同的空间数据所反映的规律，因应用领域的客观条件不同而有多种不同要求。空间数据挖掘具有不同的应用领域，对于从空间数据中发现得到的知识结论，空间决策者也可能有不同的要求和应用层次。相同的数据，在不同应用领域具有不同的作用，不同领域也对数据有不同的具体要求。同时，对于同一领域的空间知识需求，也会因时间、地点、设备、环境、粒度、尺度等客观条件的不同而有多种。而且，不同的知识需求，各有各的用途，基本难以完全相互取代。这些反映了数据在不同领域中的知识发现差异。

从应用的观点看，空间数据挖掘所获得的知识，是事先未知、潜在有用和最终可理解的空间知识，要求能够为基于空间数据挖掘的不同领域的空间决策提供技术支持。可是，在领域专家和信息技术人员总结和表述知识与规则，从外部输入系统，形成知识库时，由于知识的复杂性、模糊性和难以表达性，传统的方法往往会碰到严重的困难。那么，怎样在空间数据挖掘中描述和实现这种需求差异呢？

1.4.4 同数据异用户

面对相同的空间数据所反映的规律，也因人的主观意愿不同而有多种用户要求。同一个人从不同的角度挖掘，有不同的知识结果；不同的人挖掘，也可能有不同的知识结果(Wang et al.,2003)。不同的知识,各有各的用途,也是基本难以完全相互取代。这些,反映了人对空间数据认知的主观层次差异。同时,多层次用户是空间数据挖掘的每个应用领域不可避免的现实存在,对于从数据中发现得到的知识结论,不同层次的用户可能有不同的使用要求和应用层次,需要不同粒度的空间知识(Ganter,1988)。高层决策者宏观把握,需要的知识可能是精练凝聚;中层决策者承上启下,需要的知识可能是中观适度;基层决策者落实执行,需要的知识可能是详尽确实。实际生活中的基层干部、中层干部和高层干部,在空间数据挖掘应用中就分别对应基层用户、中层用户和高层用户的角色。

若以滑坡监测数据挖掘为例,则从滑坡监测数据中挖掘得到的微观视角知识、中观视角知识和宏观视角知识,可以分别满足高层决策者、中层决策者和基层决策者的要求。高层的决策者是宏观的,把握方向,可能只是一句话,一幅图;中层的决策者是中观的,带有一定的技术性,可能对滑坡每个断面的变形感兴趣,内容要求可能较多;底层的决策者,可能是技术型的,就要具体到每个监测点。那么,怎样从空间数据中发现这些不同层次的监测结论呢?

1.4.5　同数据异方法

空间数据挖掘方法的好坏将直接影响到所发现知识的优劣。可用于空间数据挖掘的理论方法很多,主要包括确定集合理论、扩展集合理论、仿生物方法、可视化、决策树等(Li,Wang,Dong,2005;Gong,Zhu,Liu,Wang,2005)。其中,概率论和空间统计学基于经典的确定集合理论,研究含随机性的空间数据挖掘。证据理论是概率论的一个扩展。规则归纳、聚类分析和空间分析是空间统计学的延伸。空间数据挖掘的扩展集合论方法包括模糊集、粗集和云模型,用于研究不能精确描述的空间实体,在空间数据挖掘中实现定量和定性的相互转换。模糊集重在模糊性,基础为模糊隶属度;云模型兼容模糊性和随机性,基础为云变换;粗集重在不完备性,基础为上、下近似集。神经网络和遗传算法是空间数据挖掘的仿生物方法。可视化是空间数据的视觉表达与分析,能够把实验或数值计算获得的大量空间抽象数据转换为人的视觉可以直接感受的具体计算机图形图像。决策树根据不同的特征,以树型结构表示分类或决策集合,产生规则和发现规律。

1.4.6　同数据异知识

空间知识的基本类型是规则和例外,规则主要包括空间的特征、区分、关联、分类、聚类、序列、预测和函数依赖等共性或个性规则,例外则指规则以外的偏差。同时,知识类型也决定了空间数据挖掘的任务类型,即空间数据挖掘能够解决什么问题。各种空间知识之间不是相互孤立的,在解决实际问题时,经常要同时使用多种规则。

(1)普遍几何知识/面向对象知识　普遍的几何知识是指某类目标的数量、大小、形态特征等普遍的几何特征。用统计方法可容易地统计点状目标、线状目标和面状目标等各类目标的数量和大小。目标的形态特征就是要把直观的可视化的图形用计算机容易应用的定量化的特征值来表示。线状目标的形态特征用曲折度、方向等表示;面状目标的形态特征用密集度、边界曲折度、主轴方向等来表示;单独的点状目标没有形态特征,对于聚集在一起的点群(聚类),可以用类似面状目标的方法计算形态特征。在此基础上,可根据背景知识归纳出较高水平的普遍几何知识。面向对象的知识是指某类复杂对象的子类构成及其普遍特征的知识。

(2)空间特征规则/区分规则　空间特征规则用简洁的方式汇总了作为目标的某类或几类空间实体的几何和属性的一般共性特征,多为对空间的类或概念的概化描述。几何规则指空间实体的分布等规则,属性规则指空间实体的数量、大小和形态等一般特征。空间区分规则是用规则描述的两类或几类实体间的不同空间特征规则的区分,所附的比较度量用以区分目标类和对比类。目标类和对比类由挖掘的目的而定,对应的空间数据通过数据库检索查询即可获得。可以通过把目标类空间实体的空间特征,与一个或多个对比类空间实体的空间特征相对比,得到空间区分规则。

(3)空间分类规则/回归规则　空间分类规则反映同类事物共同性质的特征型知识和不同事物之间差异型特征知识。它根据空间区分规则把空间数据库中的数据映射到某个给定的类上,用于数据预测。空间回归规则与其相似,其差别在于空间分类规则的预测值是离散的,空间回归规则的预测值是连续的。空间分类规则和回归规则都是普化知识,实质是对给定数据对象集的抽象和概括,主要挖掘描述并区分数据类或概念的模型,常表现为决策树、谓词逻辑、神经网络或函数等形式。两种规则与空间预测紧密相关,是空间预测据以预测未知类标记的空间对象、空缺的空间数据值的模型。

(4)空间聚类规则/关联规则　空间聚类规则把特征相近的空间实体数据划分到不同的组中,组间的差别尽可能大,组内的差别尽可能小(Kaufman,Rousseew,1990)。空间对象根据类内相似性最大和类间相似性最小的原则分组或聚类,并据此导出空间规则。空间聚类规则与分类规则不同,它不顾及已知的类标记,在聚类前并不知道将要划分成几类和什么样的类别,也不知道根据哪些空间区分规则来定义类。空间聚类规则可用于空间实体信息的概括和综合。空间关联规则指空间实体之间同时出现的内在规律,描述在给定的空间数据库中,空间实体的特性数据项之间频繁同时出现的条件规则。主要指空间实体间的相邻、相连、共生和包含等关联规则,包含单个谓词的为单维空间关联规则,包含两个或两个以上的空间实体或谓词的叫做多维空间关联规则。一般关联规则是空间实体之间存在的各种规则,强关联规则是空间数据库中使用或发生频率较高的模式、关系或规则(Koperski,Adhikary,Han,1996)。关联规则具有时间性和转移性,时间性要增加时态信息,转移性则增加预测算法和条件信息。目前多数的数据挖掘研究也主要是针对关联规则的。

(5)空间依赖规则/预测规则　空间依赖规则旨在发现不同空间实体之间、或相同空间实体的不同属性之间的函数依赖关系,挖掘的知识常用以空间实体名或属性名为变量的数学方程来表示。空间预测规则是基于可用的空间数据,利用空间分类规则、回归规则、聚类规则、关联规则或依赖规则,预测空间未知的数据值、类标记和分布趋势等。描述形式常常为数学公式。在预测之前,可以使用相关分析识别和排除对预测无用或无关的属性或实体。

(6)空间序列规则/空间例外　空间序列规则基于时序,建立数学模型,描述空间实体数据随时间变化的规律或趋势。虽然空间序列规则可能包括与时间相关的空间数据的多种规则,但是序列规则挖掘有其自身的特色,用于挖掘空间序列规则的一般是时空数据库,存有同一地区不同时间的历史空间数据。空间序列规则把空间数据之间的联系与时间连接在一起,不仅需要知道空间事件是否发生,还需要确定事件发生的时间。空间例外是大部分空间实体的共性特征之外的偏差或独立点,是与空间数据库或空间数据仓库中的数据的一般行为或通用模型不一致的数据对象的特性(Barnett,1978)。例外是异常的表现,如果排除了人为的原因,则异常往往就是某种灾变的表现,所以可以作为空间例外知识。很多数据挖掘方法把例外看作噪声或异常而丢弃,虽然这样剔除例外,可能有利于凸现共性,但是有些罕见的空间例外可能比正常出现的空间对象更具有意义(Hawkins,1980;Shekhar et al.,2003)。

1.4.7　同知识异表达

空间数据挖掘获得的知识常常表现为一组描述数据库中的知识谓词、数据属性、模式产生频度、对象簇集等规则的集合(Clementini et al.,2000),可以用来在数据库记录间识别联系,产生摘要,形成预报和分类模型,提供给空间决策支持系统。在数据挖掘中,知识不单单是概念,而是多个概念的因果逻辑关系。一个知识可以是简单的,也可以是复合的,都有相应的形式化的知识表示方法(Lin et al.,1999)。

知识是空间数据挖掘的输出,各种空间知识既有规律性的真理,又有大量非完备的直觉经验。如果欲使得空间知识易于接受、理解和运用,那么最好适应不同的目的,使用不同的类型和不同的表达方式,满足不同的需求。同时,对同一种知识,可以用多种方法表示,这些表示方法一般也可以相互转换。根据知识的内容和结构,知识表达可以归结为下列形式:

(1)定义式(概念型):A 叫做 B,或 A 称为 B。可使用语义图表示。例如普遍几何知识/面向对象知识。

(2)公理式(事实型):A是B。例如空间分类规则。

(3)定理式(论断型):如果A,那么B。例如空间关联规则。

(4)规则式(推理型):如果A,B,C,那么G。可使用产生式系统表示。例如空间关联规则。

(5)主语式(主体型):谁……。例如空间特征规则。

(6)宾语式(客体型):……是什么。例如空间区分规则。

(7)谓词式(动作型):……动作……。在数理逻辑中,谓词相当于一般的谓语。例如空间分类规则。

(8)状语式(说明型):表示时间、地点、原因、方法等等。例如空间特征规则、空间序列规则。

(9)关系式(比较型):A是B的……,或A大于B,等等。例如空间依赖规则。

(10)公式式(计算型):$A=$……。例如空间预测规则。

(11)函数式(实时型):$F=f(x,y,z,\cdots)$,函数可是算术型、逻辑型、抽象型等等。例如空间回归规则。

(12)过程式(步序型):1…,2…,3…。要素之间的关系可能是"顺序"、"与"、"或"等关系。例如空间序列规则。

(13)算法式(程序型):一个框图或一段程序。

(14)控制式(时序型):在输入序列 zxcvbn 的控制下,状态依序改变为 ASDFGH,并依序输出为435678。例如状态转换图或有限自动机。

(15)层次式(树型):其形式是第一层是…,第二层是…,第三层是…。例如空间聚类规则。

(16)自然语言式:知识最好的表达方式,因为自然语言是人类的思维语言,它包容了人类思维和动作中的大量不确定性,可以帮助人类专家在描述经验知识的过程中实现定性语言和定量数值之间的有效转换。

此外,知识表示还有图表式、图形式、图像式、复合式等方法。

1.4.8 同数据异拓扑

网络由多个节点相连组成,全球互联网用户目前已经超过10亿人(见图1-4)网络复杂性是问题复杂性的表现,很多复杂系统的问题都可以归结为复杂网络问题。实践证明,现实世界的很多网络都具有小世界(Watts,Strogatz,1998)、无标度(Barabási,Albert,1999,2003)和社团抱团(Girvan,Newman,2002)的复杂网络特性。网络的拓扑结构决定着网络的统计特性,具有不同拓扑结构的网络产生了规则网络、随机网络、小世界网络、无标度网络、星型网络和集散网络等。在网络空间中,相同数据处于不同网络拓扑中的实际,提出了数据挖掘的新课题。

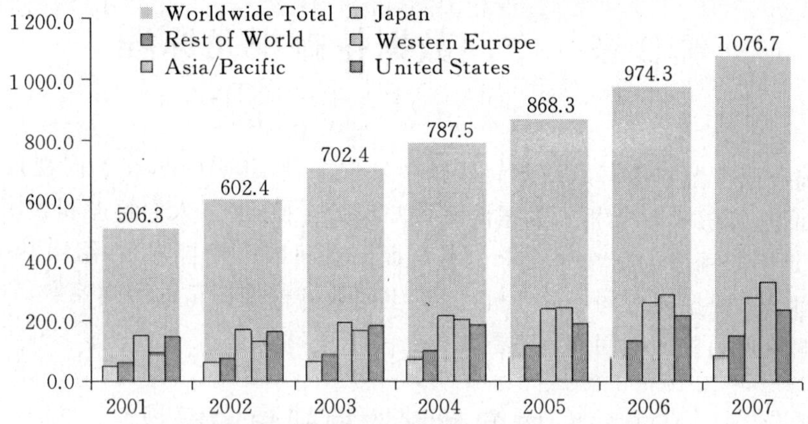

图 1-4　全球互联网用户增长（源自：IDC，2003.12）

§1.5　本章小节

空间数据过量增长、处理技术严重滞后、利用不足。从海量的对地观测数据中快速有效地挖掘不同用户、在不同环境下所需的不同隐含知识，并以所挖掘的多种知识指导人们最大限度地高效合理利用大型数据集，充分发挥对地观测系统的使用效能，已成为亟待解决的技术问题(Fayyad et al.，1996)。

空间数据挖掘是多学科交叉的产物，是一个不确定的挖掘过程。面对同样的空间数据集，同一个用户从不同的需求角度挖掘，可能发现不同的空间知识；不同的用户从相同的角度挖掘，也可能发现不同的空间知识。这些不同的空间知识，具有不同的挖掘方法和表达形式，各有各的用途，反映了空间数据挖掘的认知和应用差异。具体到空间数据挖掘中，就是空间数据挖掘视角的不同。同对象异数据、同数据异结构、同数据异需求、同数据异用户、同数据异方法、同数据异知识、同知识异表达等空间数据挖掘的同异性，则构成了本书研究空间数据挖掘视角的背景。

第 2 章　空间数据挖掘视角原理

空间数据挖掘视角可以从空间数据中发现多种不同知识，在不同视角之间相互转化知识，能够实现从相同数据向多种知识的转换，增强人们解译和利用数据的深度，满足不同用户的个性化需求。本章提出空间数据挖掘视角，给出基本概念，分析空间数据挖掘视角的不确定性，讨论空间数据挖掘视角的影响要素，研究空间数据挖掘视角的机理空间和基本算法。

§2.1　空间数据挖掘视角的概念

空间数据挖掘视角是相同的人基于不同的知识背景，或不同的人基于相同的知识背景，按照给定的目的要求，使用不同的技术方法，根据不同的认识层次或观察点，从已经获得的空间数据中，发现用于研究、解决和解释自然、人类和社会的问题、现象的模式角度。在某种程度上，空间数据挖掘视角反映了空间数据挖掘的物理本质的同源异相性，以及数学领域的同域异维性。

2.1.1　空间数据挖掘的多视角理解

空间数据挖掘是数据挖掘在地球空间信息科学的发展（李德仁，王树良，李德毅，2006），空间数据挖掘视角是空间数据挖掘的深化，三者具有内在的联系（表 2-1）。

表 2-1　数据挖掘、空间数据挖掘和空间数据挖掘视角

项目	数据挖掘	空间数据挖掘	空间数据挖掘视角
源起动机	突破“数据过量而知识贫乏”的瓶颈，解决日益增长的深层次数据利用问题		
哲学观点	多种学科的交叉	数据挖掘的分支	空间数据挖掘的分支
挖掘目标	普通事务数据	空间数据	含有不确定性的空间数据
知识形式	规则和例外	空间规则和空间例外	多视角空间规则和空间例外
发现状态空间	3 维空间（属性、宏元组、知识模板）	4 维空间（属性、宏元组、知识模板、尺度）	多维视角空间（属性、宏元组、知识模板、尺度）

从不同的视角出发，可以获得对空间数据挖掘的不同理解。

（1）从逻辑的视角看，空间数据挖掘是演绎推理的一部分，是一种特殊的空间推理工具，允许用户指导或聚焦有趣空间规则的搜索，可以半自动或全自动地推理。它使用归纳法发现知识，使用演绎法评估所发现的知识，算法是归纳和演绎的

结合。

(2)从认知科学的视角看，空间数据挖掘是一个从具体到抽象，从特殊到一般的过程。概括性越高，具体性越低。存在与空间数据挖掘中的思维具有同一性，但思维活动的抽象力、想象力和任意性在空间数据挖掘中比存在更重要，同时也导致了人类智能中的直觉、联想、类比、顿悟，导致了空间数据挖掘的发散和收敛的不确定性。而且，空间数据挖掘需要创造性思维，可是创造并没有确定的模式。

(3)从分析的视角看，空间数据挖掘主要利用一定的理论和技术，在给定空间数据库或空间数据仓库的空间数据中，挖掘隐含在数据间的相关性或关系的有效性等各种粒度的、多种类型的空间知识模式，可适应不同的用户需求或不同的应用，同时给出所得分析结论（空间知识）的确定性或可信性度量，如置信度、支持度和兴趣度。人类思维活动中的定性分析，有助于抓住问题的本质，它常常是各种理论的先导，并为定量研究提供思路、模型和方法，严格的逻辑证明和精确计算仅仅是定性分析的数学加工和形式化而已。虽然如此，严谨的数学论证仍然是十分重要的。

(4)从名称的视角看，对于同样的数据挖掘，人们也存在不同的理解。数据挖掘拥有知识发现、数据挖掘、数据发掘、数据开采、数据采掘、知识提取、信息发现、信息收获、数据考古等含义相同或相似的不同的具体名称（Han and Kamber，2001）。而且，数据挖掘还被认为是知识发现中通过特定的算法在可接受的计算效率限制内生成特定模式的一个步骤，甚至人们把数据挖掘、知识发现二者合称为数据挖掘和知识发现（Data Mining and Knowledge Discovery，简称 DMKD）。

(5)从空间数据的视角看，数据结构可以是层次、关系、网状或面向对象的空间数据，数据形式可以是矢量、栅格或矢一栅混合的空间数据，数据内容可以是空间的位置、属性、图形图像、文本、数据库、时间序列、文件系统的数据或其他任何组织在一起的空间数据集合（如多媒体和网络资源等），数据模型可以是关系、事务、面向对象、对象一关系或数据仓库等模型。空间数据挖掘处理的既有空间数据库、空间数据仓库和文件系统，又有其他任何组织在一起的空间数据集合，如网络空间数据资源等。

(6)从挖掘对象的视角看，空间数据挖掘具备宏观、中观和微观的全层次具有空间与地理分布的对象，它们可以是宇宙中的各类星体分布或人造卫星运行，也可以是地球表面各种自然或人造特征在地理信息系统中的投影，还可以是分子生物学中的染色体和蛋白质的结构、原子中电子围绕原子核的空间运动轨迹等。

(7)从知识源的视角看，包括空间数据库提供的原始数据或空间数据仓库提供的成品数据、用户对控制器发出的高级命令和来自各个方面的存入知识库的领域知识。而且，借助网络，空间数据挖掘可以突破空间数据的局部限制，不仅能够使用本部门内部自己的空间数据，也能够利用空间领域或空间相关领域内更大范围甚至全部的数据，得到更有普遍意义的知识。

(8)从挖掘过程的视角看，空间数据挖掘可以分为数据准备(了解应用领域的先验知识、生成目标数据集、数据清理、数据简化与投影)、数据挖掘（数据挖掘功能和算法的选取，在空间的关联、特征、分类、回归、聚类、序列、预测等特定模式中搜索感兴趣的知识)、数据挖掘后处理(知识的解释、评价和应用)三阶段。其中，每一阶段的上升，都是对现实世界空间实体的认识和理解的加深，实体在空间数据获取、空间数据存储、网络共享、目标数据标定、数据清理、空间数据挖掘、解释评价等外力的作用下，粒度变粗，尺度减小，描述越来越抽象、凝聚和概括，需要的技术难度也越来越大，历经空间数据、空间信息和空间概念，最后升华为空间知识。这个过程，可以构筑为一个空间数据挖掘金字塔(图 2-1)。

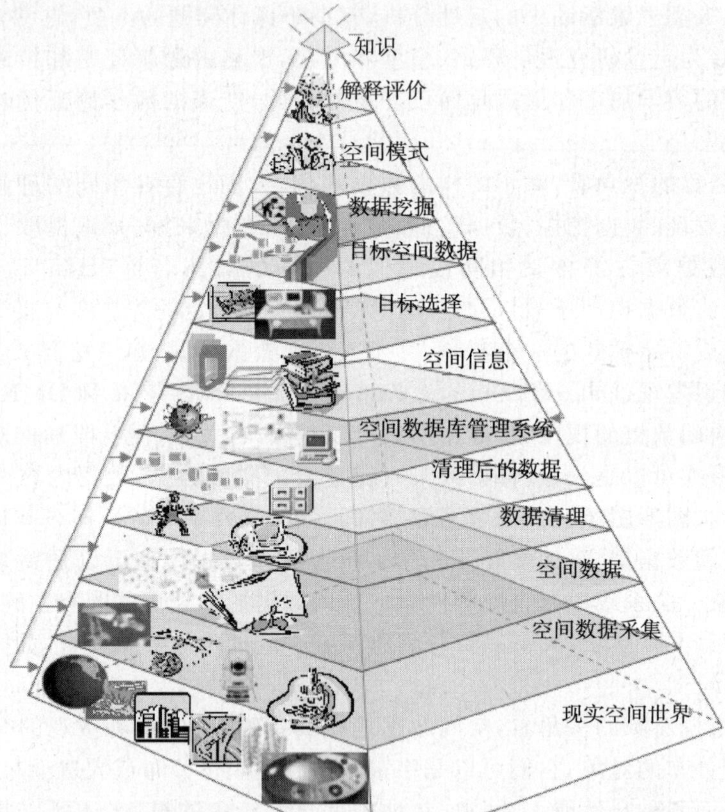

图 2-1　空间数据挖掘金字塔

(9)从物理意义和数学解释的视角看，空间数据挖掘从有限样本的个性数据中发现无限母本的共性知识，是从局部到全局的渗透、从具体到抽象的概括、从特殊到一般的进化。空间数据挖掘视角在一定程度上以视角保存数据的个性，把空间世界的物理多相性反映在空间数据挖掘中，按照挖掘任务选择要素并简化要素的形态，在挖掘过程中组合要素并利用一定的技术平滑个性和统一共性，在知识解译评价中优化重现要素，在知识应用中根据有限的样本数据逐步逼近无限的母本知识。描述和预测是空间数据挖掘的基本任务，统计和组合是其中的基础数学技术。

(10)从应用的视角看，在专家和信息技术人员总结和表述知识与规则，从外部输入系统，形成知识库时，由于知识的复杂性、模糊性和难以表达性，传统的方法往往会碰到严重的困难，而这正是空间数据挖掘的长处所在。

2.1.2　空间数据挖掘的视角因素

面对同样的问题任务，给定相同的空间数据，基于不同的挖掘目的，不同的挖掘者，使用不同的理论方法，在不同的认知境界中，可能发现不同的知识。根据相同的知识，用户可能判断制定出不同的决策，进一步地可能在实施后导致不同的结果(图 2-2)。这种挖掘过程和发现结果的不确定状态，体现了空间决策的不同要求，也反映了空间数据挖掘的视角差异。从组合的观点看，问题任务、挖掘目的、挖掘者、理论方法、认知境界等都是组合因素。这些因素，面向领域，在用户的主导下根据挖掘情境组合优化。

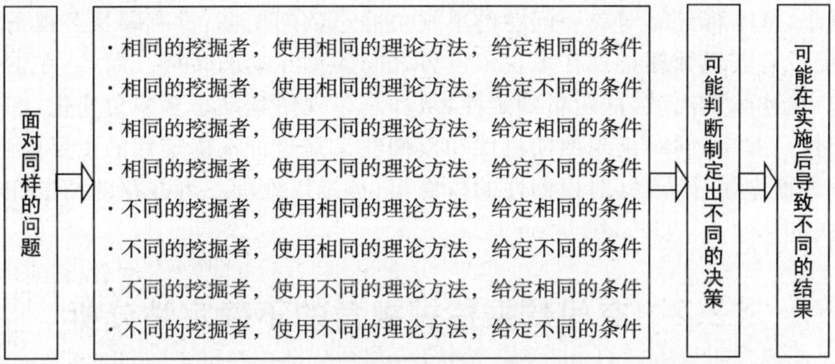

图 2-2　空间数据挖掘的视角因素

2.1.3　空间数据挖掘的多视角需求

空间数据挖掘需要各级视角的支持，而且各有各的用途。多视角空间数据挖掘是灵活方便的多视角、多层次的数据详略变换，展开时能够仔细地分析数据的微观细节，折叠时可以把握数据的宏观整体。空间数据挖掘通过在不同概念层次上自由伸缩，实现对数据的定量透视，发现数据背后隐藏的知识。

面对已经获得的相同的空间数据集，不同领域的相同用户，或者相同领域的不同用户，在不同的知识背景下，可能提出不同的数据挖掘要求；相同的数据挖掘者使用不同的数据挖掘技术，或者不同的数据挖掘者使用相同的数据挖掘技术，根据给定的目的要求,也可能发现得到不同的空间知识结果。不同的要求或结果,涉及不同的数据挖掘视角,各有各的道理,也各有各的用途。而且,对于从空间数据中发现得到的知识结论,可能有不同的要求和应用层次。

2.1.4 空间数据挖掘的变视角需求

变视角数据挖掘已经成为人们的必然要求。当全面而深入地理解和把握空间数据时,多视角空间数据挖掘是不可回避的事实存在,各种不同视角的空间数据挖掘,都是从同样的一堆数据中发现知识,具有数据源的一致性,应该能够彼此相互转换,在多个视角世界中往返自如地解决同一个问题。而且,空间数据挖掘面对的首先是空间观测数据,然后才形成概念;先有连续的数据量,然后才有离散的符号量。同时,观测是对母体的抽样,空间观测数据并非现实空间数据的分布母体的全部,而是母体的不完备样本。在相同数据环境下,空间数据挖掘必须从传统的单一视角世界向多个视角世界跃迁,在不同的视角世界之间往返自如地发现多种视角的知识,进一步优化不同层次的决策行为。

空间数据挖掘的视角变化,势必导致从大量具体数据到少量抽象知识间泛化的不确定性,数据和知识的相互转换,则加剧了这种不确定性。数据挖掘的理论和应用成果,基本都是针对单一问题的单视角静态数据挖掘,没有顾及多视角的知识发现,更没有实现数据挖掘在多视角世界之间的相互动态转换。而且,在空间数据挖掘中,从连续到离散、从定量到定性、从静态单视角到动态多视角变化,都包含了不确定性。其中,同时出现的随机性和模糊性又是这种不确定性的主要内容,针对随机性的概率统计、或针对模糊性的模糊集,都难以处理二者并存的情况(李德毅,2005)。

§2.2 空间数据挖掘视角的不确定性分析

人类多以不确定的方式进行思维,而很少使用确定的方式。人类智能中的不确定性来自客观世界的不确定性。智能的不确定性具有普遍性,也许只有不确定性才是确定的。空间数据挖掘以机器为载体,模拟以人脑为载体的人类领域专家的思维过程,同样具有不确定性的特点。空间数据挖掘必须找到在人脑和机器两种载体之间建立联系的方法,其数学假设也应该承认知识发现的不确定性。理性的不确定性能够救用户于数据的海洋之中,而只是让需要的数据进入决策思维,升华为知识。

空间数据挖掘视角既把握不确定性,又利用不确定性发现确定假设下难以挖掘的知识。其中,不确定性主要来自客观事实的复杂、数据采集的不足、数据处理的缺陷、主观认识的局限、计算机器的不足或技术方法的近似,以及它们在挖掘过程中的传播、累积和增大(Keller et al.,2000)。不确定性的内在本性可能包括随机性、模糊性、混沌等(Wang et al.,2005),外在表现为误差、位置不确定性、属性不确定性、拓扑不确定性、不准确性、不一致性、非完备性等,并有一定的测度参数。

2.2.1　客观存在和主观挖掘

客观世界涉及物理对象,主观世界从认知单元和它指向的物理对象开始,反映了主观世界和客观世界内外联系的特性。任何思维活动都是指向一定对象的,通过对象的存在到主观意识自身的存在。人的智能是客观世界在人脑中的映像,人类智能中的不确定性来自自然界的不确定性。人类的认知过程是对复杂对象关系的微观、中观和宏观的知识发现过程,是对象所在的特征空间的微观数据,通过用自然语言表述的不同抽象度概念,在非线性相互作用下涌现的自组织特性。在人类的思维行为中,确定性只是相对的,不确定性才是绝对的。不确定性度量被研究对象知识缺乏的程度。

首先,人类思维的载体是自然语言,自然语言(如汉语)使人类获得了一个强有力的思维工具,起到呈现和保留思维对象及组织思维过程的作用。它是其他各种形式化系统(语言)的基础,可派生出像计算机语言这样的特殊语言,也派生出包括各种专业理论的专门化符号语言(如数学语言)。这些符号构成的形式系统又成为新一级的形式化。

其次,神经学家和心理学家认为,人脑的大量神经单元用以表示人体与其环境的相互作用,包括人体的所有运动和感知等活动。人脑将这类非语言的表示(如客观的物体形状、颜色、序列,主观的情绪状态等)进行分类,并通过分类结果产生另一层次的表示,这就是抽象的概念。概念是外部事物在主观认知中的对应物,是思维活动的基本单元。人脑还进一步选取概念并激发产生相应的词语,或反过来,根据接受到的词语抽取相应的概念。与概念直接关联的语言能够起到"认知浓缩"的作用,将客观世界进一步分类,并把概念结构的复杂性降低到可以掌握的程度。但是,概念不是孤立的,它同外部背景有着种种联系,是演变和流动的过程,必然具有不确定性,甚至包括盲目性和散漫性。

再次,一个复杂系统的复杂性与分析它所能达到的精度相互之间服从一个粗略的反比关系,当系统的复杂程度提高时,对其精确而有意义的认识和描述能力会随之下降(黄崇福,王家鼎,1995)。片面追求精确,可能陷入困境。在一定条件下,确定性和不确定性可以相互转换,宏观精确的实体在微观环境中可能变得不确定,在一定程度上还不确定的实体,如果有关认识已经足够满足决策等的需要,那么原有的认识就已达到了一定的确定性。而且,仅仅使用实体的确定性或不确定性的一种,来完全取代它的所有不确定性,是不可能全面发现实体的规律的(Journel et al.,1996)。

第四,不确定性遍布空间数据挖掘的过程,例如数据预处理的不确定性、数学建模的不确定性、数据挖掘的不确定性、挖掘结果的不确定性、知识表达的不确定性、知识解译的不确定性和知识评价应用的不确定性。所有这些不确定性,都可能在空间数据挖掘的过程中传播和累积,而且又可能进一步产生新的不确定性。因此,在基于不确定性的空间数据挖掘中,有很多内容需要研究,其中主要包括:(1)待挖掘的空间数据的特性和质量,如来自随机性的位置不确定性等;(2)不确定性对空间数据挖掘整个过程的影响,如知识解译等;(3)处理空间数据挖掘中的不确定性的技术途径,如空间数据的清理、概括和综合等;(4)定量具体数据和定性概念知识的相互不确定性转换,如知识表达、知识应用等。

第五,在庞大的空间数据库中,就数据清理而言,它是数据挖掘前一个提高数据质量的过程,例如数据库语义域及其关系的理解,数据完整性和一致性的检验,基于实际任务的清理规则确定,错误数据的剔除,冗余数据的排除,缺失数据的填充,数据噪声的处理,数据冲突的解决,数据的更新修改,数据准确度的提高,图形图像变形的纠正,空间数据整体可用性的改进等(Wang,Wang,Shi,2002)。而且,数据清理还包括了对空间数据的解析和重新装配,解决的是多空间数据源之间以及单空间数据源内部的空间数据重复及空间数据本身内容上的不一致性,而不只是形式上的不一致性,可以与空间数据抽取过程结合起来,在抽取的过程中完成模式及代码表示的转换。在给定的要求下,从分散的数据源中抽取用于挖掘的空间数据,然后集中投放于目标数据库中,这不仅节省了存储和计算资源,而且提高了后续挖掘的速度、准确性和有效性。

第六,在海量空间数据中,可能存在成千上万的规则。挖掘计算包括很多重复的数据库扫描和计算,当规则合成中的空间实体数量增大时,这些周而复始的操作就会变得非常复杂。虽然用于计算的软件和硬件的性价比都得到很大了提高,但是用于数据挖掘的数据量非常巨大,计算代价仍然昂贵。除了 Apriori,Sampling,Dynamic Item count,Partitioning,Parallelism 等算法的改进,不确定性参数也是减少数据库计算量的重要手段。

最后,空间数据挖掘利用累积空间数据从局部样本数据向全局母本规律逼近,先有连续的数据量,然后才有离散的符号量;先有定量的发现计算,然后才有定性的最终知识;先有空间观测数据,然后才形成概念。在空间数据挖掘中,如何兼顾空间数据挖掘的不确定性,把有限非完备数据的样本作用扩展到整个数据母体空间,实现从数据到知识的定性定量转化,从极不相同的视角上分析同一问题,是空间数据挖掘的瓶颈之一。

2.2.2 不确定性的基本成因

(1)客观事实的复杂 现实世界是一个多参数的复杂巨系统。复杂系统的本质是非线性，非线性意味着不能运用叠加原理，而复杂系统在涌现时具有多样性和不确定性。连绵起伏的山峦轮廓、四通八达的江海河川、蜿蜒曲折的海岸线，都是不确定、不光滑、不规则的实体。而且，所有实体都有差别，都随不可逆的时间而变化。自然资源分布在空间世界中，对资源的可持续利用及其于生态环境的影响的研究，都是以客观世界内的空间实体（地物、地物属性、地物关系等）为地理载体的。在人类接触到的现实世界信息中，约有80%与地理位置和属性及其空间分布有关（李德仁，关泽群，2000）。在地球空间信息学（李德仁，1998）中，空间实体可以是空间现象、具有几何特征（点、线、面或体）的空间物体、事件、状态和过程，以及附着其上的地物属性、及其空间关系等（Wang，Chen，Yuan，2005）。理想的空间实体是确定的（图2-3），但是实际上并非如此。在现实世界中，空间实体及其存在的关系复杂，有确定性，也有不确定性，而且空间实体多相互混杂，界限有时不很分明。大量复杂的地理现象定义模糊，也并非都是空间匀质分布的。而且世界复杂多变，常常呈非线性发展。空间实体可能包含发展阶段所存储的信息，也随时接收来自其他实体的信息和自身发射信息。

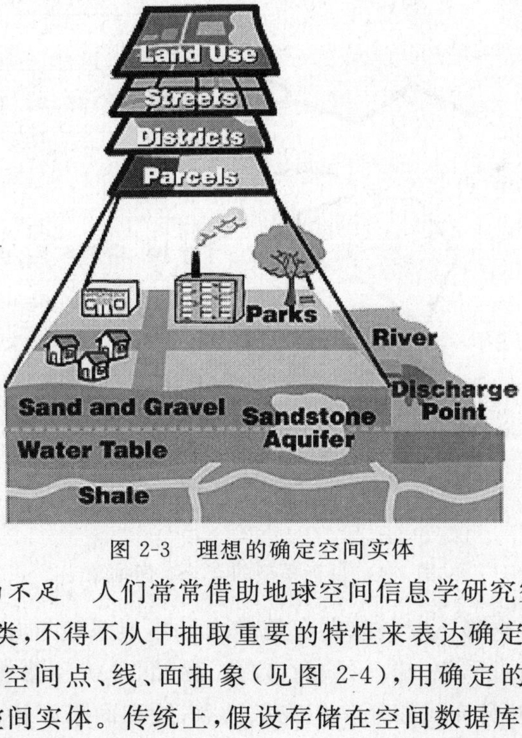

图2-3　理想的确定空间实体

（2）数据采集的不足　人们常常借助地球空间信息学研究空间实体，却不易明确地将空间实体分类，不得不从中抽取重要的特性来表达确定或不确定的现实实体。如目标模型的空间点、线、面抽象（见图2-4），用确定的模型或规则（Burrough，1996）描述空间实体。传统上，假设存储在空间数据库中的世界是确定定义、精确描述和准确量测的（Burrough，Frank，1996）。可是，这种情形在现实世界中很少发生，数据采样只是一种近似（Wang et al.，2004；Wang，Shi，2001）。这种仅以确定性就完全取代确定性和不确定性的做法，使得人们最终所获信息不可能穷尽现实世界的全部数据，是非完备的。而且，获取大量空间数据的真值并不容易。空间数据真值是实体的真实特性值。首先，有些空间数据的真值虽然存在，但是难以获取。一种原因可能是时间久远不能观测，另一种原因可能是当前的条件不允许观测。其次，对于一些空间数据，真值本身就是不确定的。再次，甚至有些空间数据的严格或绝对意义上的真值并不存在(Jiang et al.，2001)。同时，数据采集还受粗差、系统误差和随机误差的单独或综合影响(Heideman et al.，1992)。进一步地，无论采用何种方式获取的空间数据，均存在一些不可避免的问题或错误。例如数据源之间比例尺与投影不统一、数据冗余等问题 (Lipski，1981)。此外，还有主观和客观噪声的影响。基层等部门为了某种原因虚报数据，人为制造噪声。使得逐层逐级汇总上来的统计数据并非完全可靠，政府决策时只能参考使用。当然，噪声并非完全是人为的，如摄影测量、遥感、雷达、声纳都会测进噪声，测试分析也会含有噪声数据，等等。因此，从现实世界中采集的数据是非完备的，计算机描述的实体位置及其属性和真实实体存在差异。

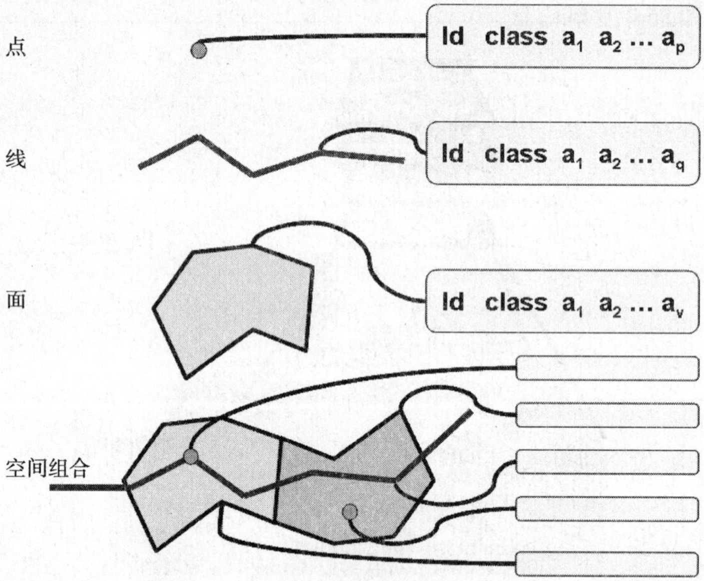

图 2-4 目标模型的点、线、面抽象

(3)数据处理的缺陷 空间数据在被导入计算机系统并用于空间数据挖掘的过程中，一般需要经过采集、输入、编辑、定位、存储、分析和管理等操作。经典的数据处理方法认为空间分布可以用一组离散的点、线和面来表达，通常假设已经细致地检核了空间数据，没有粗差的影响，并把属性不确定性和位置不确定性隔离，主要基于数值型的统计方法分析位置的不确定性(Kraus et al，1994)，属性数据只是用于进一步描述空间实体的某些定性定量特性。例如，目标模型就假设空间实体的描述，可以通过带有正确已知坐标的点、一系列点连接而成的线、由线围成的面实现(Kriegel et al.,1997)。然而，纯几何意义上的点、线和面在多数情况下并不存在。变量之间的依赖关系不确定，难以精确地用数学函数表示，虽然自变量是可在一定范围指定数值的可控变量，但是，因变量也许为随机变量，有其概率分布，可观测却不可控制；但也许不独立，有偏好依附。同时，传统误差一般指测量值或计算值与真实数据或假定真实数据间的差值，可是获取大量空间数据的真值并不容易，甚至有些空间数据的严格或绝对意义上的真值并不存在。这使得测量平差也只是一种逼近，平差结果并非完全真值本身。可是，如果粗差或系统误差不能在平差中正确地被发现、消除，那么势必会损害平差的结果，使人们所预期的理论精度无法实现。在这些过程中，人们获取的数据又可能被部份舍弃或删除(Heuvelink,1998)。其结果是，人们所获得和使用的空间数据不可能穷尽现实世界的全部，空间数据描述的实体难免与现实实体存在差异，在空间信息系统中的实体的位置和属性信息与现实实体并非完全相同(Carver,Brunsdon,1992)。

(4)*主观认识的局限*　面对相同的数据，根据给定的目的要求，相同的人从不同的知识背景，或不同的人从相同的知识背景下，使用相同或不同的技术方法，基于不同的认识层次或观察点，可能发现不同的知识。空间数据挖掘面对的首先是连续的空间观测数据，然后才有离散的符号量，进而形成知识概念 (Kraus,1992)。概念是自然语言和思维的基本单位。自然语言的最小单元是语言值，对应的概念就是人类思维的基本细胞。从概念的外延特性来看，概念可分为确定概念和不确定概念(定性概念或模糊概念)。确定概念的外延是精确的、固定不变的。而不确定概念的外延是不精确的、模糊的、变化的。人们通过自然语言来描述日常生活中普遍存在的不确定概念，例如，“距离近”、“精度高”、“可靠性好”等。

人脑的思维基本上不是纯数学的，自然语言为其基础。自然语言是人类智能的体现，具有不可替代性。任何形式化的语言都难以表达用自然语言表述的常识知识，常识知识是智能系统或智能行为的基础。自然语言又往往带有歧义性、不确定性，不同于计算机语言。自然语言具有模糊的边界，难以给出很精确的定义；语言本身包含随机性，不同的人对于相同的语言可能有不同的理解，但这些并不影响人们的使用和交流(Kerber,1992)。

(5)*技术方法的近似*　根据主观认识和给定技术，空间实体被映射到空间数据库中。一般地，不确定的实体由确定的技术强制描述，实体的长度、面积、体积等属性都将随着测量等技术尺度的变化而变化，带来很多问题。首先，很多技术是确定的。在二值逻辑中，结论是“真或假”而没有介于中间的情况。在集合论中，一个元素要么属于一个集合，要么不属于该集合 (Zimmermann,2001)。实际上，这是不顾世界实体的不确定事实，已经事先假设实体是确定的。显然，经过技术过滤的计算机世界和真实的客观世界是不同的。其次，在已有的技术中，每种技术基本都是针对一种具体的不确定性，很少能够同时处理多种不同类型的不确定性。实际上，多种不确定性常常是同时出现的。再次，有些技术对于没有背景知识的普通用户而言，是难以理解的，当然也就更加难以正确使用。第四，分析不确定性的前提是先验信息的获取和不确定性如何作用于决策，可是它们的出现，常常是一个区间，边界有时是模糊的(Grzymala-busse，1991)。例如，大气研究的目的是做出最好的预报，而不是完全正确的预报。最后，决策技术的局限，也会在空间决策的过程中传播甚至增大不确定性，进而增大挖掘结果的不确定性，并影响到发现的知识的置信水平(Fisher，1994)。虽然空间数据库中的实体与现实实体存在差异，但是空间数据分析的研究、发展和应用，都是建立在上述计算机化的、含有不确定性的空间数据库或空间数据仓库中的数据基础之上。如果根据含有不确定性的知识结果进行决策，而没有对其不确定性给予度量，那么可能导致决策的偏颇(Ester et al.，2000)。为此，人们提出或发展了多种近似表达地学实体的理论和方法，例如 GIS 数据模型、误差传播定律、概率论和数理统计、扩展集合论等。尽管不确定性已经经历了一定时间的研究，但是仍有相当多的问题值得进一步深入探讨。例如不确定性的空间分布；不确定性的积累和传递；不确定性的抽样检验；不确定性对最终知识的影响；以及不确定性描述指标的建立等。这些问题的研究，有赖于以上方法、或几种方法的综合使用及其本身的进一步发展。

2.2.3 不确定性的内在特性

(1)随机性　随机性指有明确的定义但不一定每次都会出现(可能发生也可能不发生)的事件中包含的不确定性，或元素对定性概念隶属度的不稳定性。例如，对“距离 100 米”是属于“近”还是“远”、“相同条件下，观测同一空间实体得到的观测值是真值与否”等问题的一次回答是随机的，不同的人对“距离近”的定义也并不完全重合。随机性研究“发生不发生、出现不出现”的问题，随机事件的结局是“非此即彼”。随机性的基本原因在于，有大量的未知因素作用于事件，可是每个因素又都不是决定性的。当人们对这些未知因素认识掌握后，随机性就会减少。随机性可以由事件发生的概率度量(Arthurs，1965)，数学工具是概率论和数理统计及其扩展的空间统计学、证据理论、概率矢量等(王树良，2002)。

(2)模糊性　模糊性指已经出现但难以精确定义的事件中包含的不确定性，或定性概念的亦此亦彼性，或由于人类的需要或阶段认识能力不足而只能进行宏观描述或不能确切认识的客观事物具有的群体型不确定性(Zadeh，1965)。群体型不确定性是非完备样本下的模糊性。例如，概念的模糊性导致类别边界的模糊，度量尺度的模糊性造成地价的变化域，群体型模糊性是观测数据误差的根源之一。模糊事件的结局是“亦此亦彼”。模糊性来自于人们的宏观等级简化，多数是因对某因素不加深究或不知道而含混，是对立不充分世界中已经出现但无法精确定义的事件中包含的不确定性(Bastin,Wood,Fisher,1999)。模糊性可以由模糊隶属度衡量,数学工具是模糊数学。模糊数学用模糊隶属函数确定的隶属度描述不精确的属性数据,侧重在处理不精确的概率(Zadeh,1965)。

(3)可能性　可能性研究“行不行、能不能”的问题。可能性是在模糊集合的基础上提出来的(Zadeh,1978)。可能性与随机性既有联系又有区别。可能性很大的事件概率却可以很小,而不可能发生的事件其概率肯定为 0。传统概率论的观点认为小概率事件是不可能事件,往往令人掉以轻心,但在实际工作中要特别注意防范那些概率很小,但可能性却很大甚至等于 1 的事件。因为这种小概率大可能性事件,往往是潜在的严重事故。

(4)混沌性　混沌是非线性确定性系统中出现的类似随机的过程,结合了随机性和确定性的特点。因为很难对初值确定得非常精确,所以近似相同的初值产生了很不相同的貌似随机的结果。初值敏感性导致了过程的不确定性和不可预测性,可能是开始差之毫厘而结果失之千里。如果系统对初始条件极端敏感,那么就容易发展为忘却初始条件的完全无规律的运动态,进入混沌。混沌性是简单规则组合在一起产生的复杂行为,研究复杂系统(钱学森,1991)中包含的不确定性。混沌理论认为组成系统的每个细胞可能是简单的确定系统,可是经过众多细胞之间的复杂藕合,系统状态就出现了不确定性。空间实体因各要素的相互作用而处于力的不平衡状态中,综合导致了其不确定性,并表现为空间上的要素不均匀性和不稳定性,时间上的发展非周期性(Awrejcewicz,1989)。目前主要通过辨识提取混沌系统的本质规律分析或预测系统的动力学特性,或通过人为地产生混沌解决复杂问题。

2.2.4　不确定性的外在表现

(1)误差　误差指观测值与其真值之间的差异,来自于量测方法及其技能的局限性(Mikhail,Ackermann,1976),是在人们从空间世界中抽取需要特性时的固有不确定性。在本质上可分为系统误差、随机误差和粗差三种,以及三者累积误差的影响。研究误差的经典方法是误差传播定律,可以通过使用精确的仪器设备、技术方法和技能培训来改进误差。早期的误差研究,基本是围绕位置不确定性展开的。

(2)位置不确定性　位置不确定性表示空间数据对实体描述位置与其真实位置的接近程度,是狭义的空间数据不确定性。在选定的坐标系统中,实体的空间位置特征被记录在数据库中,再现实体在世界中的空间分布,这是一种不确定的抽象。关注地球表面的特定位置,是空间数据挖掘的基本特征,同时人们认识的过程又是不确定的。由于地学信息的基本单元是一个连接时空位置和系列属性的数组(Goodchild,1995),因此位置不确定性与属性不确定性紧密相关(Egenhofer et al.,1995)。

(3)属性不确定性　属性不确定性是在采集、描述和分析真实世界中的客观实体的过程中,实体属性的量测或分析值围绕其属性真值,随机在时间或空间内的不确定性变化域,是属性误差的空间延伸(Shi,Wang,2001),并且受尺度、分辨率、抽样等因素影响 (Burrough,Frank,1996)。自然语言描述的各种空间实体的属性,具有强烈的不确定性,而且多种不确定性常常并存。目前常用的定性定量转换方法,有层次分析、量化加权、专家群体打分和定性分析中夹杂数学模型和定量计算的方法等,控制论则是根据目标与实际行为之间的彼误差来消除此误差的策略控制不确定性。但是,它们都不能兼顾空间数据的随机性和模糊性。云模型用自然语言值实现定性定量的相互转换,在空间实体属性的不确定描述和推理等过程中,可以将模糊性与随机性有机地集成在一起(李德毅,杜鹢,2005)。

(4)拓扑不确定性　拓扑不确定性刻画与空间实体相关的空间关系,给出了实体和其余周围实体的不确定空间关系(Eklund et al.,1998),例如相离、相邻、重叠、相等、交叉、覆盖、包含等。描述空间实体之间的内在规律的关联规则就隐含了拓扑不确定性 (Koperski,Han,1995)。

(5)空间数据的不准确性　空间数据准确性衡量量测数据和实际数据的接近程度,有定量和定性两种精度。不准确的空间数据指与现实的实体属性相比不正确的值、空间数据未及时更新的过时空间数据、不正确的计算或聚集产生的数据、错误类型导致的难以或无法解释的空间数据,以及伪值、多用途域、古怪的格式、密码空间数据等(Smets,1996)。可以使用统计分析的方法识别可能的错误值或异常值,利用简单规则库检查空间数据值,应用不同属性间的约束和外部空间数据,进行空间数据重组等。

(6)空间数据记录的重复性　重复记录指在一个空间数据源内部有关同一个现实世界的实体的数据有重复,或在多个系统中有关同一个空间实体的数据有重复。属性值相同的记录被认为是重复记录,由于可能的错误表示而导致非完备匹配的记录也有可能重复(Beard,1989)。在多源空间数据挖掘中,重复记录较为常见。各个空间数据源提供的空间数据通常会包含标识符或字符串空间数据,它们在不同的空间数据源中有所不同或由于各种原因而造成一些错误。在集成多源数据时,合并或清除是检测与消除重复记录的冗余空间数据的基本方法(Hernàndez,Stolfo,1998)。检测并消除重复性,不仅可以节省存储和计算资源,而且可以提高空间数据挖掘的速度、正确性和有效性。

(7)空间数据值的不一致性　空间数据值的不一致性存在于空间数据源内部及空间数据源之间,可以分为上下文相关冲突、上下文无关冲突两类。上下文相关冲突是由于系统和应用造成的不同的空间数据类型、格式、标准、粒度、同义词、编码方式等,从不同多空间数据源集成的空间数据引发的不一致,可能有语义冲突,即计算机化了的空间实体不能完全满足空间实体间的拓扑一致性、数据结构的内部一致性、数据规范的逻辑一致性(Mcgranaghan,1993)。上下文无关冲突是由于偶然因素造成的错误的输入、硬件或软件故障、不及时更新、外部因素造成的空间数据库状态改变,同一系统的空间数据因位置、单位及时间不同而产生的不一致等。由于输入不规范造成的表示不一致,内容上的不一致,一般难于找到转换函数(Liu,Rudy,1997)。检测和解决空间数据不一致性的目标是把来自不同空间数据源的空间数据合并,检测语义冲突,确定转换规则,检测出可能的异常空间数据值。相关问题有模式集成、实体识别、空间数据值冲突的解决、异常值检测(Joos,1994)。需要尽可能地在没有或尽量少用户干预的情况下,用尽量少的先验知识,分析空间数据,发现联系,制定可用于解决冲突的策略。

(8)非完整性　非完整性是因推理所需要的数据非完备而引起的不确定性,数据缺失是数据非完备的一种极端情形。首先,非完备数据主要来自两个方面,一是所获得的实时信息是非完备的,二是已有的知识是非完备的。当数据集越来越完备时,基于非完备数据的似然推理的分类成功率也越来越高。欲推理必须补充有关的数据,常用各种表示缺省的量词来标识这些补充数据(Brassel et al.,1995)。在知识库中,虽然每条知识是非完备的,但是大量的非完备知识构成的知识库却有可能是完备的。对一个系统而言,若从外界输入的数据的确定性程度越高时,则从该系统输出的结果的正确率也就应该越高。同理,虽然在训练集中每个数据包含着一定的不确定性,但是当考虑大量的这样数据所构成的系统时,该系统所包含的数据已经非常丰富,其不确定性程度已大大降低。其次,造成空间数据缺失或不完整的原因有很多,例如,因省略等误差带来的不完整缺陷(Smithson,1989),缺失历程元素导致的空间数据不完整,懒惰的录入习惯,不同业务部门对某空间数据值是否存在的需求不同而导致源系统中应有的域或记录缺失。再次,在大多数情况下,缺失的值必须手工填入,某些缺失值也可以从本空间数据源或其他空间数据源推导出来。处理由未知属性值造成的数据噪声的方法主要有(Clark,Niblett,1989;Kim,2003):忽略法把具有未知属性值的记录忽略掉;附加值法把属性的未知值看成是该属性的另外一个取值;似然值法用该属性最可能取的值代替未知属性值;Bayesian 法选择使 Bayesian 概率最大的属性值代替未知属性值;决策树法通过构造决策树由已知值推估未知值;粗集法从不相容的决策表中导出规则判断未知属性的值;二元模型法利用转移概率表达属性之间的相互依赖性。此外,在多空间数据库查询处理中还出现过用平均值、最大值、最小值或更为复杂的概率估计等多种技术代替缺失值的方法。

(9)时间不确定性　时间不确定性是源数据或发现知识的日期或时间的不确定性,与给定空间数据挖掘的时间有效性相连,主要包括时间点、时间区间和时间层次的不确定性。一个确定的日期可能并非具体到全部的年、月、日、时,而是仅仅给出了其中的年、月、日或时,甚至是一个时间段,从而导致时间的模棱两可。而时空不确定性则可能来自某个位置或目标的历史参考数据的丢失，如陈旧或短期的建筑物。历程是空间数据的采集及使用过程，具体指空间数据的来源、原始数据，以及采集、编辑、存储和利用数据的方法、步骤、格式、转化、日期、时间、地点、人员、环境、传输与历史等。使用历程研究时间不确定性，有助于保证空间数据利用分析的连续性、编辑系统文档、把握空间数据现在或将来的规律。

(10)类别边界不明确性　类别边界不明确，是很多没有确定边界的空间特征的固有性质，可能来自别空间实体自身、数学模型或人的认识局限。事实上，有些空间实体相互交错，严格或绝对意义上的实体之间边界并不存在，边界只是实体共存的交集区域。其典型例子是植被类别的不确定边界（Burrough，1996）。而且，空间位置的不确定性导致了属性类别的不确定性，同物异谱或同谱异物则增加了遥感影像分类的难度(Canters，1997)。

2.2.5 不确定性的测度参数

最初尝试度量不确定性的是贝叶斯，他在一组可能的假设下给出了先验分布的概念，并用贝叶斯定理给出了后验分布，即在已知观测结果条件下关于所选假设的不确定性的分布。不确定性度量的基本量是熵，起源于物理学家克劳修斯1865年创造的英文“entropy”，表述热力学第二定律的态函数熵，即在孤立系统中任何变化不会导致熵的总值减少。目前，熵有几十种定义，较有代表性的是香农(Sharon)熵。

不确定性参数是空间数据挖掘视角的阈值指标，可以降低数据挖掘的复杂性。空间数据挖掘的不确定性参数，也同样适用于空间数据挖掘视角。目前主要有三个测度参数，即支持度（supportable degree 或 support 或 prevalence)、可信度(confidential degree 或 confidence 或 predictability)和兴趣度（interesting degree 或 interest)(李德仁，王树良，李德毅，2006)。在一条知识中，支持度指符合规则的空间实体的统计显著性或适用性，可信度刻画规则的可靠性或强度，兴趣度描述规则对空间决策的作用或对决策者的吸引力(Brunk，Kelly，Kohavi，1997)。在空间数据挖掘中，这些不确定性测度参数刻画了规则的功效。

含有测度的规则可表示为

$$\{(A1 \wedge A2 \wedge \cdots \wedge Am) \rightarrow (D1 \wedge D2 \wedge \cdots \wedge Dn)\} \mid ([c\%],[s\%],[i\%])$$

其中，A1、A2、…、Am 和 D1、D2、…、Dn 是空间或非空间谓词的集合，[…]表示可选。因为并非所有被发现的空间模式都是有意义或有趣的，所以可以用测度来指导或限制空间数据挖掘的过程。只有当测度超过一定的阈值时，规则才可以被接受应用。阈值一般取经验值，也可以统计得到(王新洲，王树良，1997)。有时，也把含有空间关系谓词的规则(式 2.3)称为空间关联规则。例如空间关联规则“is_a(X，“school”)^ close_to(X，“sports_center”)—> close_to(X，“park”)|(80%，

0.5%,1%)”表明,离运动中心近的学校,80%也离公园近,0.5%的数据支持该规则,1%的人对该规则感兴趣。在定性概念表示的规则中,测度有时是隐含的,例如“如果通行汽车的道路和河流互相交叉,那么交叉处 80%可能是横亘于河流之上的桥梁。”

根据空间数据挖掘的任务,设定不确定性参数,可以在数据挖掘的过程中过滤数据库,减少发现算法的运行次数,滤除稀少、无意义、无助或无用的规则（Wang,2002)。虽然用于数据挖掘的剩余数据的数量变小,发现的规则数量也变小,发现规则的算法也变得简单,但是知识的适用强度却得到增大。

§2.3　空间数据挖掘视角的影响要素

空间数据挖掘视角的影响要素主要包括尺度、粒度和层次等。根据给定的任务,空间数据挖掘可以把每个定量数据的作用,在不同的认识层次上浓缩到不同粒度、不同尺度的定性决策思维中,使用概念把形形色色的多彩现实世界按照其本质特征抽象浓缩,构造出用心理学的尺度和粒度衡量复杂性不是太高的概念层次结构,以适应不同的用户需求或不同的应用目的。

2.3.1　尺度

空间尺度衡量空间数据在空间数据挖掘中多比例尺或多分辨率的几何变换过程。它和比例尺密切相关,体现空间数据在细化和概化过程中的空间特征渐变规律,当空间尺度增大时,比例尺增大,数据细化,发现个性知识;而当空间尺度减小时,比例尺则减小,数据概化,发现共性知识。

在小尺度上,空间数据粗略概括,空间信息和空间知识的综合程度提高,对空间目标的表达趋于概括、宏观,可以减小存储和计算资源,增大挖掘效率,但可能导致空间细节数据的丢失,根据知识解释或解决的问题种类减少。增大尺度,则综合概括小,分析具体微细化,可能延伸到操作性空间数据库中的细节数据信息,对空间目标的表达趋于精细、微观,根据知识解释或解决的问题种类多,但需要较大的存储空间和计算资源,挖掘效率低。面向尺度的操作,是对空间数据由细到粗的计算、变换、概括和综合过程,地图制图学中的制图综合技术即为典型的面向尺度的操作。例如,在大尺度图形图像数据库中的房屋、河流,可能在小尺度中分别变成了点、线,房屋形状和河流细小弯曲就被综合掉。

2.3.2　粒度

人类智能可以在极不相同的微观世界、中观世界和宏观世界中观察和分析同一问题,获得不同粒度世界的方案,从不同视角解决同一问题(图 2-5)。粒度反映了空间对象在粗细和角度上的不同，粗略的对象，高层次的问题，全角度的考察都是粒度大的表现，反之，细微的对象、低层次的问题、独特角度的考察都是粒度小的表现。与此相似，空间数据挖掘可以看作是对空间数据所承载的空间对象的微观、中观和宏观的认知过程，是空间对象所在的特征空间的微观数据，在不同粒度上相互作用下涌现的自组织特性。

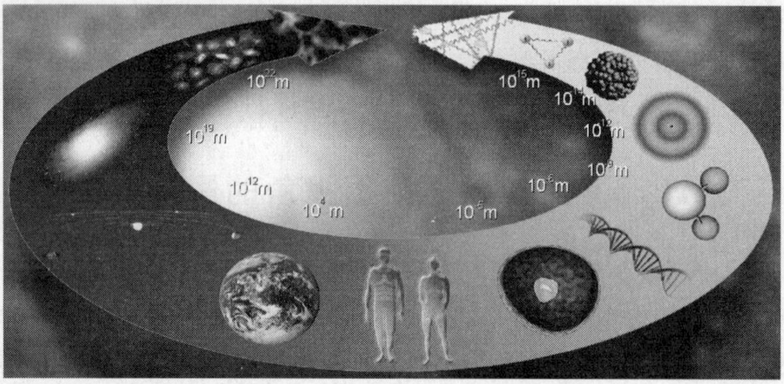

图 2-5　不同粒度的世界

空间粒度有宏观、中观或微观之分，在空间数据挖掘中度量空间数据的精细度、以及空间信息和空间知识的抽象度，体现空间数据挖掘内部细节的粗细，描述空间数据挖掘由细至粗的物理变换过程。空间数据挖掘分别从不同粒度上透彻分析数据、信息或概念，挖掘不同的知识，满足不同的需要。通过粒度上卷统览概括，从较细的粒度世界跃升到较粗的粒度世界；通过粒度下钻细剖微细，粒度下钻是从较粗的粒度世界沉降到较细的粒度世界。基于空间粒度的知识也可以区分为高抽象层的概化知识、多个抽象层的多层知识、原始数据层的原始层知识等。空间数据挖掘的粒度选择，取决于要研究的问题和发现的知识。

粒度上卷是归约数据，拉长镜头，增加观察距离，用粗粒度观察和分析信息，忽略细微的差别，寻找共性。共性常常比个性更深刻，可以求得宏观的把握。相反，粒度下钻是细化数据，压缩镜头，缩短观察距离，用细粒度观察和分析信息，发现纷繁复杂的表象，更准确地区分个性差别。个性要比共性丰富，但是不能完全进入共性之中。例如，国家对土地利用现状调查的空间数据粒度上卷，可宏观把握全国的土地利用现状，而粒度下钻可观察某省某市的调查数据，再下钻则可看到每个地块的土地利用状况。

2.3.3　层次

人类思维具有层次性，思维境界决定了决策者认识层次的高度。人类思维的认知活动可能对应着一定生理上的化学、电学的变化。虽然生命科学能够还原成脑的生物化学层次和神经构造层次等不同的层次，但是目前生命科学还不能在思维活动与亚细胞的化学、电学层次的活动之间建立确切的关系，也不能确定什么样的神经构造可以决定着哪些认知模式的发生，从脑的生物化学层次和神经构造层次研究认知活动尚有困难。恰如不能从最基础的硅芯片的活动来推测计算机网络上电子邮件的行为一样，不能设想从分析单个离子、神经元、突触的性质就能够推断人脑的认知和思维活动。因此，系统论关于系统整体特征不是由低层元素加和而成的原理对还原论提出质疑，而是需要找到一个合适的层次和单元，向上模拟人类的认知和思维活动。

物质的组成层次可以看成一个个等级，眼前的物体看成是宏观的，天体看成是宇观的，把分子和原子作为界标，比它们小的物质可以称之为微观的，原子层次十分重要。原子的物理模型是人类认识世界的五个里程碑之一，在原子模型的提出与演进中，从开尔文模型、汤姆孙模型、勒纳德模型、长冈模型、尼克尔森模型直到卢瑟福的原子有核结构模型，以及原子核模型，都表明构思物质组成模型是一种普遍有效的科学方法。

不同层次的决策者，具有不同的知识背景，可能需要不同的空间知识。同时，空间数据在不同挖掘层次体现出的规律和特征不尽相同，从不同的视角对空间数据进行挖掘，可能得到不同层次的知识，不同层次的知识各有各的道理和用途。空间数据挖掘是基于已有数据的空间决策知识发现过程，来自于数据所隐含的空间实体的整体层次，并非是孤立的记录层次，更不能期望从最基础的硅芯片的活动来推测计算机空间数据库中数据的行为。

因此，空间数据挖掘视角的实现，就是用不同粒度和尺度的视角，在不同层次上观察分析空间数据，在不同观察距离上查看同一批数据和数据的组合，得到基于不同知识背景的空间知识。在高层次上，用细粒度和大尺度观察数据，是压缩镜头，缩短观察距离，使用锐化数据挖掘算法，透过纷繁复杂的表象，更准确地区分差别，得到的一般为个性知识。反之，在低层次上，用粗粒度和小尺度分析数据，则为拉长镜头，增加观察距离，使用平滑数据挖掘算法，忽略细微的差别，寻找共性，得到的常常为共性知识。如果概念层次上升，那将从微观逐步到宏观，知识模板上升到抽象级别更高的知识层次。

§2.4 空间数据挖掘视角的机理空间

数据挖掘的机理是基于不同视角的“数据→概念→知识”视图，而空间知识则是各级粒度和尺度在不同层次的“类和离群”，或者“规则加例外”，揭示空间数据挖掘的从定量数据到定性概念的转变规律。人类用自然语言表达概念的形成，无论特征表说还是原型说，所有概念样本点都是通过一组数据反映出来的。自然语言的最小单元是语言值，自然语言使用语言值表达概念，最基本的语言值代表最基本的概念——语言原子,构成人类思维的原子模型。人们用语言原子描述复杂的概念,用各种各样的方法对概念进行组合和再组合,进而表达认知的事件,即知识。显然,概念比数据更确切、更直接、更易理解。给定一组相同属性范畴的定量数据,寻找概括这些数据的、用自然语言值表示的定性概念,是数据挖掘的基础。

2.4.1 概念空间

自然语言中的基本语言值是个定性概念,对应着一个定量的数据空间,反映概念的内涵和外延,称为概念空间。例如,当讨论语言变量"位移"这个范畴内的不同语言值时,如"5mm 左右"、"很小"或"小"等概念,常常要明确这些概念在数域上是大概念还是小概念,粗概念还是细概念,以及相互之间的等价(相似)关系或从属(包含)关系。概念具有层次性,概念和概念之间相互作用,形成概念之间的泛概念树(王树良,2002)。传统概念树的界限分明,硬划分无法表示概念的不确定性,任何一个叶节点只能属于一个父节点。而泛概念树可动态生成不同层次的概念,以及不同层次概念间的多隶属关系,反映了数据的实际分布情况,方便泛概念树的爬升和跳跃,也是构造泛概念树叶节点的基础(李德仁,王树良,李德毅,2006)。在概念空间的每一个空间数据,对构成概念和概念层次结构都有作用。通常情况下,分布在概念空间的许许多多数据形成概念空间的势,并自然形成概念的层次结构。根据概念空间的数据分布,求得空间各点的势,自然形成的等势线拓扑结构,可以将连续数据离散化,并体现了离散后的定性概念之间的层次关系。

2.4.2 特征空间

人类思维过程中的对象,对应着一个定量的数据空间,反映对象的多个属性,称为特征空间。当研究由多个不同特征描述的复杂空间实体(也可称为对象、事物、案例、记录、元组等)群时,常常用特征空间作为讨论问题和发现知识的更大范畴。在特征空间中,对象和对象之间也通过相互作用,形成知识。特征空间对象在不同概念粒度上呈现出不同的发现状态,随着抽象度的提高,描述每个属性中的概念的粒度越来越大,特征空间对象之间的关系越来越普遍,发现的知识逐步由微观走向中观、宏观,整个归纳过程促成了发现状态空间的不断转换。特征空间中势的思想和确定等势线的方法和概念空间相似,不同的只是特征空间的基本单位是空间实体点,而概念空间为表达概念的属性数据点。

空间实体的多个不同特征构成一个多维特征空间。在空间数据挖掘中,将数据库中的一条实体记录,按照其多个属性把它映射到数域空间中的一个特定点上,成千上万的实体记录,就在数域空间中被转换为成千上万个点。每一个空间实体为特征空间的一个点,成千上万的空间实体在特征空间中也构成成千上万个点,它们整体上所呈现出来的抱团特性,就在空间数据挖掘中自然形成知识。

2.4.3　发现状态空间

在发现状态空间（李德毅，1994）中，属性维认识和发现属性之间的关联，宏元组维认识和发现各种宏元组之间的一致性和差异性，知识模板维在逐步归纳中升华凝结知识或在逐步细化中的具体知识。就数据挖掘的广度和深度而言，属性维重在属性与属性之间的规则，宏元组维重在是各宏元组与宏元组之间的多属性模式，属性维和宏元组维构成二维的知识基，都是对特定知识模板的操作。知识模板维把属性和宏元组作为一个整体，在挖掘的层次上抽象概括或具体细化。当被引入地球空间信息科学领域时，发现状态空间得到扩展，又增加了尺度维，形成空间数据挖掘的四维发现状态空间。尺度维上表达了空间数据由细至粗，多比例尺或多分辨率的几何变换过程。

知识模板维由一块知识模板上升到抽象级别更高的另一块模板，以归纳为核心提高知识抽象度。随着抽象度的提高，每一个知识基中的属性和宏元组的概括性增大，知识模板的物理尺寸变小，尺度由大变小，认知层次提高。同时，描述空间实体的数据在属性空间、概念空间或特征空间中，按照发现任务作不同的组合、浓缩，即

$$\text{发现状态空间}=\left\{\begin{matrix}\text{属性}\\\text{空间}\end{matrix}\rightarrow\begin{matrix}\text{概念}\\\text{空间}\end{matrix}\rightarrow\begin{matrix}\text{特征}\\\text{空间}\end{matrix}\quad\middle|\quad\begin{matrix}\text{认知层次}\\\text{（粒度和或尺度）}\end{matrix}\right\}$$

在认知归纳的过程中，每次从较低的认知层次到较高的认知层次进行属性概括、概念提升或特征归纳，都会有一些特殊情况，即总是会有用其粒度较细的概念描述的一些空间实体，在粒度较粗的概念中无法被归纳进去，而成为离群体和例外的情况存在，在整体上始终表现为“规则加例外”。因此，知识就是不同认知层次上的“规则加例外”，即“宏观层面上的规则加例外”→“中观层面上的规则加例外”→“微观层面上的规则加例外”。图 2-6 表示了在发现状态空间中空间数据挖掘随认知层次提高而变化的整体过程。

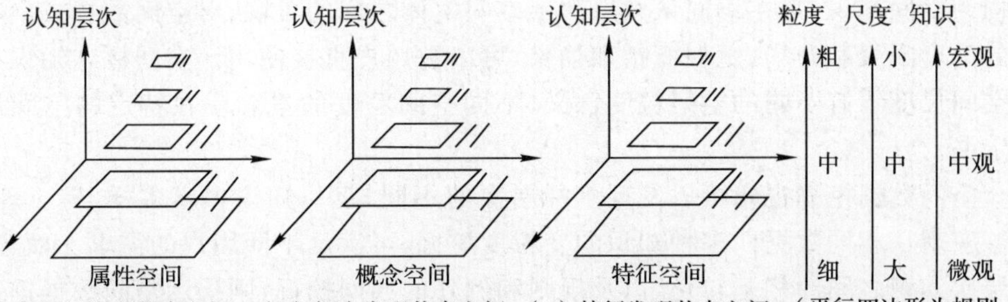

（a）属性发现状态空间　（b）概念发现状态空间　（c）特征发现状态空间　（平行四边形为规则，离散线条为例外）

图 2-6　基于认知层次的发现状态空间

因此，空间数据挖掘的过程，是位于特征空间内的不同属性值，随着每个属性中的原始数据值用该属性的概念空间中不同粒度的概念表示，而带来的特征空间中空间实体的整体分布的变化形态和各种组合状态。空间实体群的组合状态，因不同属性特征的不同而多种多样，通常决定于发现任务。当从空间数据中发现知识时，一般是基于不同的粒度和尺度，首先从空间数据抽象出对应的空间概念，然后在概念空间中总结初步的空间特征，最后于特征空间内归纳出空间知识。从较细的粒度世界跃升到较粗的粒度世界、或从较大的尺度世界跃升到较小的尺度世界，属于数据归约，是对空间实体群的抽象，可以简化问题，大大减少数据处理量。可见，空间数据挖掘视角揭示了人类由个别到一般，从具体到抽象，既统揽全局又抓住本质，既深入基层又把握重点的认识规律。它允许用户根据自己的层次指导或聚焦有趣空间规则的发现粒度。这些，对于空间数据挖掘具有一般性的理论意义。

§2.5 空间数据挖掘视角的基本算法

空间数据挖掘是根据空间数据的特点，利用数据挖掘方法，按照一定的度量值和临界值从空间数据库中抽取知识以及与之相关的预处理、抽样和数据变换的一个多步骤相互连接、反复进行的自动过程或人机交互过程。事实上，在空间数据挖掘中，实际参加计算的为以数字表示的各种数据，空间数值中的计量单位只是把数字赋予了不同的空间含义。空间数值是空间数据的一种，空间数据是空间信息的载体，指以数值、字符串、图形、图像等空间符号表示的空间实体的属性、数量、位置及其相互关系等。空间信息是在具体环境中，对空间数据应用价值的解释，同一数据在不同的场合可能表示不同的信息，不同的数据在相同的场合也可能表示相同的信息。空间数据是形成概念的要素，它和空间数据密切相关。空间概念是对空间实体的说明和定义，为空间知识的重要表达方法。空间数据和空间信息是有限的，而空间知识是无限的。一个或多个信息关联在一起形成的有应用价值的信息结构为空间知识，是在不同认知层次上空间实体之间的关联，对空间数据或空间信息的高度凝聚和升华，更加概括和抽象，可以被用户直接使用。空间概念知识在不同空间尺度下有不同的空间粒度含义，不同空间粒度的概念应在特定的空间尺度下定义。

空间数据挖掘视角可以发现多种层次的不同知识，知识丰富多样，易于理解，能够实现从相同数据向多种知识的变粒度挖掘，可满足不同用户的需求。而且，不同层次知识之间的相互转化，以及规则和例外的共同挖掘，则揭示空间数据挖掘的深层机理。由于空间数据的数据内容、数据结构、空间关系等都较为复杂，而且数量巨大，因此为了在空间数据中挖掘不同粒度、不同种类的知识，并予以优化选择，满足不同层次的空间决策需要，一般地建议同时使用多个空间数据挖掘视角。基

于视角的数据挖掘算法可以描述为

输入：空间数据

输出：视角知识

算法：

(1)根据需要选择挖掘视角；

(2)利用一定的理论方法对给定的数据进行挖掘；

(3)基于选定的视角解释所发现的知识；

(4)评价知识的满意程度；

(5)改变挖掘视角，重复步骤(1)～(4)，直至知识足够满意。

这个算法使用归纳法发现知识，利用演绎法评估所发现的知识，是归纳和演绎的结合。空间知识在逐步归纳中升华凝结，又在反复演绎检验求真。该算法在不同的空间数据挖掘视角之间构造了空间知识的发现反馈环，不仅能够引导用户把自己的混沌需求转化为准确的挖掘请求，在基于不同空间数据挖掘视角的知识之间选择符合自己要求的知识，满足不同层次的用户需求或不同的应用目的，而且能够优化空间数据挖掘的结果，提高所发现知识的可靠性和一般性。

§2.6　本章小结

空间数据挖掘视角反映空间数据挖掘的物理同源异相性和数学同域异维性，能够实现从相同数据向多种知识的转换，增强人们解译和利用数据的深度，满足不同用户的个性化需求。

本章首先从空间数据挖掘的概念出发，提出了空间数据挖掘视角的基本概念，并用空间数据挖掘视角重新理解空间数据挖掘。然后，分析空间数据挖掘视角的不确定性，不确定性是空间数据挖掘中的客观存在，基本成因有多种，具有内在本性和外在的表现，并有一定的测度参数。认为既要把握不确定性，又应利用不确定性发现确定假设下难以挖掘的知识。再次，分析了尺度、粒度、层次和不确定度的测度等影响空间数据挖掘视角的因素，研究了空间数据挖掘视角在不同层次的规则和例外的实现机理。确定了空间数据挖掘视角的研究内容和基本算法。

第3章 空间数据挖掘视角的技术

本章研究空间数据挖掘视角的技术。首先基于集合论分析现存的空间数据挖掘技术，然后给出云模型研究模糊性和随机性并存的定性定量转换；其次，利用数据场刻画每个空间数据对知识发现任务的不同作用，最后讨论云模型和数据场在空间数据挖掘视角中的协同。

§3.1 空间数据挖掘视角技术的集合论分析

在空间数据挖掘中，数据量的增大，以及用户对空间规则的精细度、准确度要求的增高都会导致问题复杂性的增大。提供多种空间规则、多种算法、可视化建模和并行计算等功能，可以提高空间数据挖掘处理海量数据的效率、解决复杂问题的能力和系统的扩展性。而且，空间数据挖掘是边缘交叉学科，需要考虑的因素很多。为了在实际空间数据挖掘应用中，适应不同的需求环境，以获得数量更多、精度更高的可靠结果，空间数据挖掘视角的理论方法不能相互孤立，应根据特定的需求选择数据挖掘的理论、方法和工具，综合应用各种算法的操作技术（Reinartz，1999）。在集合论的基础上分析空间数据挖掘视角技术，有助于根据空间数据挖掘的任务正确地选择和综合各种算法。

3.1.1 确定集

确定集（Cris Psets）内的元素只有两个，即{0，1}，推理过程中使用非“是”则“否”的二值逻辑，重在解决确定性。确定集是精确数学的基础，在空间数据挖掘中主要描述确定性规律。目前用于表示空间数据的方法多数是基于经典的确定集理论，每一个空间实体都与单一的属性说明有关，属性之间被表示为清晰的边界。但是，在很多情况下，确定集描述的实体只是一种理想状态，与复杂多变的现实世界是不一致的。因此，经典集合理论需要扩展，用于研究不能精确描述的空间实体。

3.1.2 概率

概率（Probability）内的元素是闭区间内的所有元素，即[0，1]，推理过程中使用从“是”到“否”的概率逻辑。概率是对精确数学的突破，在空间数据挖掘中揭示随机现象的统计规律，一些概率统计模型可以转化为精确数学模型去处理。概率建立在经典的确定集合之上，根据大量统计实验的概率，确定随机事件发生与否的可能性大小(Savage,1954;Arthurs,1965)。概率在表示随机性时,借助随机变量的分布函数研究随机现象的统计特征和概率推理。概率论公理系统的基本假设是排中,即非此即彼。概率论和空间统计学研究含随机性的空间数据挖掘,为研究空间数据挖掘的随机性提供了一套经典的利用随机抽样逐步逼近所研究的随机事件的数学分析方法。证据理论是概率论的一个扩展,规则归纳、聚类分析和空间分析是空间统计学的延伸。由于通常用于研究遥感分类结果的误差距阵不能描述不确定性的空间分布,概率矢量被提出表示不确定性的空间分布。可是,现实世界的所有事件是否都是随机发生的?随机发生的事件是否都没有模糊性、甚至不受事件模糊性的作用?如果存在作用,作用的强度又如何度量?等等。在这些问题面前,概率统计显然有些无奈。

3.1.3 模糊集

模糊集(Fuzzy sets)内的元素是闭区间内的所有元素,即[0,1],推理过程中使用从“是”到“否”的多值隶属逻辑。模糊集揭示现象的亦此亦彼的规律性,在空间数据挖掘中重在解决模糊性,或者不精确的概率。模糊集采用隶属度来描述元素对概念的隶属程度模糊性,一些模糊学模型可以转化为概率统计模型甚至精确数学模型去处理。然而,模糊集排斥随机性,忽略了隶属度自身的随机性和统计特征,也没有从根本上很好地解决模糊不确定性,而且其理论还存在很多不彻底性。在模糊数学中使用了太多的精确运算,却少有概率运算。例如,是否真的存在一个固定的值来表示某一特定元素满足论域的程度?如何建立、度量、判断隶属函数的形状?不确定性在推理中如何得以传播和继承?传播和继承中的误差累积如何度量?

3.1.4 粗集

粗集(Rough sets)内的元素是{0,1}和开区间内的所有元素(0,1),即{0,(0,1),1},推理过程中使用决策支持系统的属性简化。粗集同时揭示现象的确定性规律和亦此亦彼性规律,在空间数据挖掘中重在解决不完备性。实际上,既可以理解为粗集把模糊集的[0,1]拆分为{0,(0,1),1},也可以理解为粗集把确定集合的{0,1}的增加了开区间 (0,1)。进一步地,粗集的基础是一对上近似集和下近似集。粗集以上近似集(0,1]表示“是”的可能,以下近似集{1}表示“是”,二者之差即为边界集(0,1)。

3.1.5 其他

除上述各种算法外,规则归纳在一定的知识背景下,对空间数据进行概括和综合,得到以概念树形式给出的高层次的模式或特征。与规则归类不同的是,聚类算法无需背景知识，能根据实体的特征直接从空间数据库中发现有意义的空间聚类结构。决策树根据不同的特征，以树型结构表示分类或决策集合，产生规则和发现规律。空间在线数据挖掘建立在多维视图基础之上，是基于网络的验证型空间数据挖掘和分析工具，它强调执行效率和对用户命令的及时响应，直接数据源一般是空间数据仓库。空间分析包括拓扑结构分析、叠置分析、图像分析、模式识别、空间缓冲区和距离分析等。目标模型是基于目标的空间数据模型，重在用传统的统计理论讨论位置不确定性，采用域模型讨论属性的不确定性问题优于使用目标模型。灵敏度分析是理论上的属性不确定性传播分析。神经网络是由大量神经元通过极其丰富和完善的连接而构成的自适应非线性动态系统的挖掘方法。遗传算法是模拟生物进化过程，在空间数据挖掘中利用复制、交叉和变异三个基本算子优化求解的技术。

空间数据挖掘涉及海量数据、复杂的数学方法和信息技术，可视化是空间数据的视觉表达与分析，能够把实验或数值计算获得的大量空间抽象数据转换为人的视觉可以直接感受的具体计算机图形图像，一幅图胜过千言万语。

3.1.6 随机和模糊的对比

随机性和模糊性是不确定性的主要特征，尽管概率和模糊集二者的出发点和应用领域不同，但它们具有明显的相似之处。两者都结合了集合论与谓词公式的基本方法，将不确定性映射为[0,1]区间上的数值来抽象逼近，却皆非客观原型中的实在。而且，现实世界中的人类自然语言、空间实体、空间现象等基本都是同时具备随机性和模糊性。

但是，随机性和模糊性两者之间的关联性并没有受到足够的重视。随机性是或然性，模糊性是亦此亦彼性。一方面，样本对于定性概念的隶属度由于环境条件和主观差异性而表现出随机性；另一方面，概率大的样本通常属于定性概念的隶属度大。如果在近距离向一个巨大的目标射击，那么击中是必然的；如果距离不断增大，那么起初击中还是必然的。但是，如果在退到某一限度后，那么击中目标就将成为偶然事件；如果再退到相当远，那么击不中就是必然的。在此中间，很难找到一个必然和偶然之间有明确边缘的、非此及彼的临界区。在人们实现从“必然王国”向“自由王国”的飞跃时，是如传统的经典数学一样同时抛弃随机性和模糊性？还是像概率统计一样仅仅考虑随机性，而抛弃模糊性？还是如模糊集仅仅考虑模糊性，而抛弃随机性？

因此，引入概率测度空间，通过样本分布规律来反映样本对概念的隶属度，在一般意义上建立随机性和模糊性的关联模型，成为一个崭新的研究方向。李德毅院士提出的云模型，把模糊性和随机性有机地集成在了一起（李德毅，杜鹢，2005）。

§3.2　云模型

云模型用数学语言把自然语言中概念的模糊性和随机性有机地集成在一起，构成定性概念和定量数据之间的映射，实现定性描述和定量计算相互间的数学转换。在空间数据挖掘视角中，云模型能够把定性概念的模糊性和数据采样的随机性集成在一起，研究自然语言中的语言原子所蕴含的不确定性的普遍规律，使得有可能从语言值表达的定性信息中获得定量数据的范围和分布规律，也有可能把精确数值转换为恰当的定性语言值，自然实现定性概念与定量数值之间的不确定性转换(李德毅，杜鹢，2005)。

3.2.1　云模型基本概念

云模型是用语言值表示的某个定性概念与其定量数据表示之间的不确定性转换模型，或者简单地说云模型是定性定量间转换的不确定性模型。云模型是“数据—概念”之间的数学转换技术，具有期望 Ex(Expected value)、熵 En(Entropy)和超熵 He(Hyper entropy)三个数字特征，其思想是兼顾了随机性和模糊性的精确，本质单位是云滴组成的概念。对于论域 X 中的定性概念有贡献的定量值，主要落在区间$[Ex-3En,Ex+3En]$。

设 U 是一个用精确数值表示的定量论域，$X\subseteq U$，T 是 U 空间上的定性概念，如果元素 $x(x\in X)$ 对 T 的隶属的确定度 $C_T(x)\in[0,1]$ 是一有稳定倾向的随机数

$$C_T(x):U\to[0,1]\quad \forall x\in X(X\subseteq U)\ x\to C_T(x)$$

那么概念 T 从论域 U 到区间$[0,1]$的映射在数域空间的分布，称为云(Cloud)。

这个定义还可以推广到 N 维云。即若 U 是 N 维论域，$X\subseteq U$，则 N 维元素 $x=(x_1,x_2,\cdots,x_n)(x\subseteq X)$ 对 T 的隶属的确定度 $C_T(x)\subseteq[0,1]$ 也是一有稳定倾向的随机数式。由此，如果在给定论域的数域空间中，x 为$(x_1,x_2,\cdots,x_n)$，那么一个云滴的严格表达，应为一个由自变量的论域空间坐标及其对概念的确定度的数值对，即

$$\text{CloudConcept}_{\text{Term}}[Ex(x),En(x),He(x)]\,|_x U\ (\text{论域空间坐标，确定度})$$

云模型由系列云滴组成，宏观精确，微观模糊；宏观可控，微观不可控；远观象云，近视无边。其特性与自然现象中的云极为相似，故称“云模型”。在数域空间中，云模型既不是一个确定的概率密度函数，也不是一条明晰的隶属曲线，而是一朵可伸缩、无边沿的一对多的数学映射图像(图 2-1)。从图 2-1 中可以看出云模型的几个特点：

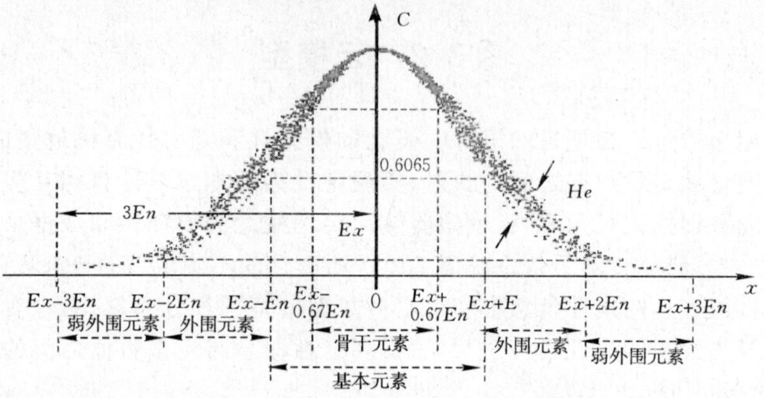

图 3-1 “滑坡稳定性”概念的云模型

第一，所有从 $x \subseteq U$ 到区间[0,1]的映射是一对多的转换，x 对 T 的隶属度是一个概率分布而非固定值，也不是一条明晰的隶属曲线，从而产生了云。传统上，模糊集的隶属函数是由论域空间到单位区间［0,1］的一对一的映射。在云模型中，经过映射，属于一个定性语言值的数值不是确定的，而是始终在细微变化着，但是这种变化不剧烈影响到云的整体特征。

第二，云由许许多多的云滴组成，一个云滴是定性概念在定量数据上的一次实现，单个云滴可能无足轻重，在不同的时刻产生的云的细节也可能不尽相同，但是云的整体形状反映了定性概念的基本特征。

第三，云的“厚度”是不均匀的，腰部最分散，“厚度”最大，然而顶部和底部汇聚性好，“厚度”小。云的“厚度”反映了隶属度的随机性的大小，在靠近概念中心或远离概念中心的位置，隶属度的随机性较小；而在距离概念中心不近不远的位置，隶属度的随机性较大，这与人的主观感受相一致。

3.2.2 云模型的数字特征

云模型的三个数字特征期望 Ex、熵 En 和超熵 He 反映了定性概念的定量特性（图 2-1），是描述云模型、产生虚拟云、实现云计算、完成云变换的数值基础，也是在基于云模型的空间数据挖掘视角中控制和利用不确定性的基础。

（1）期望 Ex：是在数域空间中最能够代表定性概念的点值，反映了这个概念的云滴群的云重心。

（2）熵 En：原是统计热力学的概念，度量物理系统的无组织程度，即序的不确定性的表现强弱。在云模型中，熵被用来综合度量定性概念的模糊度和概率，揭示了模糊性和随机性的关联性。熵具有双重作用，体现了定性概念的亦此亦彼性的裕度和出现多寡。它一方面直接地反映了在数域空间中可被概念接受的元素范围，即模糊度，是定性概念亦此亦彼性的度量；另一方面还反映了在数域空间中的点能够代表这个概念的概率，表示定性概念的云滴出现的随机性。

(3)超熵 He：是熵的不确定度量，即熵的熵，反映了在数域空间代表该语言值的所有点的不确定度的凝聚性，即云滴的凝聚度。超熵的大小间接地表示了云的离散程度和厚度。

云模型的数字特征的独特之处在于仅仅用三个数值就可以勾画出由成千上万的云滴构成的整个云来，把定性表示的语言值中的模糊性和随机性完全集成到一起。

3.2.3　云模型的类型

云模型是定性定量转换的基本模型，既是用语言值表示的定性概念与其定量表示之间的不确定转换模型，又是各种云技术的核心。它的最小单位是基云，对应于自然语言中最基本的语言值——语言原子，或思维的基本单位——原子概念。

正态云模型是基本的云模型，是表征语言原子的有力工具之一。正态分布具有普适性，大量社会和自然科学中定性知识的云的期望曲线都近似服从正态或半正态分布。正态云模型包括完整云、左半云和右半云。完整云表示具有完备特征的定性概念，而半云模型则主要表示具有单侧特征的定性概念。

衍生云模型是在正态云模型的基础上，增加某个或某些参数，根据不同用途生成的不同形态的云模型。首先，尽管正态云模型具有广泛的适用性，但是由于自然语言和现实空间世界具有多样性，它并不能满足所有的情况。例如，许多概念的云是不对称的，并且其云中心不是一个单一的值，而是包含论域中的部分元素。为此，有必要生成实现 Γ 云、三角形云、梯形云等多种衍生云模型。其次，现实世界中的许多概念并不只是由单个因素决定的，而是与两个甚至多个因素相关，它们构成 N 维($N \geqslant 2$)的论域空间。在这种情况下，可以用 N 维($N \geqslant 2$)云模型，或由 N 个一维基本云生成综合云的方法来描述论域中的定性语言值。此时，云模型就被扩充到整个自然数($N = 1,2,3,\cdots\cdots,n$)的数域空间中，N 维云的数字特征为期望($Ex_1, Ex_2, \cdots\cdots, Ex_n$)、熵($En_1, En_2, \cdots\cdots, En_n$)和超熵($He_1, He_2, \cdots\cdots, He_n$)。

3.2.4　虚拟云模型

虚拟云模型是按照某种应用目标，对各个基云的数字特征进行计算，将得到的结果作为新的数字特征所构造的云。各种虚拟云技术是表示和处理连续型数据与定性知识的有效工具。语言原子分布于整个论域空间中，表示某个空间概念的基云在整个论域空间中自由浮动，映射了论域空间中存在的任意语言原子。语言变量由论域上的原子概念组成，表示原子概念的为基云。例如，语言变量 T 可由原子概念定义为：$T\{T_1(Ex_1, En_1, He_1), T_2(Ex_2, En_2, He_2), \cdots, T_n(Ex_n, En_n, He_n)\}$。虚拟云主要包括浮动云、综合云、分解云和几何云。

1.浮动云

浮动云是在已知两朵云的数字特征的前提下，根据线性缺省假设生成的一朵给定期望值的新云。浮动云的期望值是用户根据具体要求事先指定的，具有一定的灵活性，熵和超熵可由两朵已知云的数字特征计算求得。

假设在论域空间中存在两朵基云 $T_1(Ex_1,En_1,He_1)$ 和 $T_2(Ex_2,En_2,He_2)$，且 $Ex_1 \leqslant Ex_2$，则位于论域中(Ex_1,Ex_2)区间内任意位置 $Ex=u$ 的浮动云的数字特征可以定义为两朵基云的数字特征的距离加权和：

$$Ex=u;En=\frac{Ex_2-u}{Ex_2-Ex_1}\times En_1+\frac{u-Ex_1}{Ex_2-Ex_1}\times En_2;$$

$$He=\frac{Ex_2-u}{Ex_2-Ex_1}\times He_1+\frac{u-Ex_1}{Ex_2-Ex_1}\times He_2$$

从定义公式可以看出，浮动云越靠近 T_1，受 T_1 的影响越大，受 T_2 的影响越小，反之亦然。图 3-2 为利用定义公式生成的浮动云的示意图。浮动云在论域空间中主要解决概念或规则的稀疏问题。利用浮动云，可以在未被给定语言值覆盖的空白区域自动生成虚拟语言值，用于知识表达和归纳；在未被给定规则覆盖的区域生成虚拟规则，进行缺省推理。

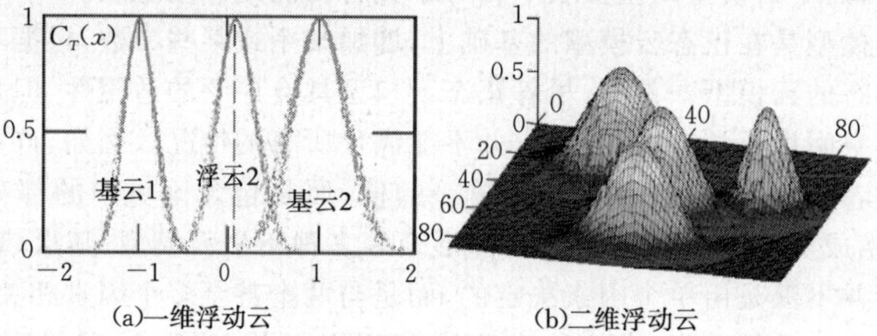

图 3-2 浮动云示意图

2.综合云

综合云用于将两朵或多朵相同类型的子云进行综合，生成一朵新的高层概念的父云。其本质为提升概念，将两个或两个以上的同类型语言值综合为一个更广义的概念语言值。一般地，综合云的熵大于基云的熵，覆盖了论域空间的更大范围，综合云对应的语言变量表示更一般性的概念，适用于概念数的概念层次爬升。在实际应用中两朵基云不能相距太远，否则就失去了综合的意义。

作为父云的综合云，其数字特征可以根据所有子云的数字特征计算求得。假设在论域中存在 n 个同类型的基云$\{T_1(Ex_1,En_1,He_1),T_2(Ex_2,En_2,He_2),\cdots,T_n(Ex_n,En_n,He_n)\}$，则由 T_1，T_2，$\cdots$，T_n 可以生成一个同类型的综合云 T，T 覆盖了 $T_1,T_2,\cdots,T_n$ 所覆盖的所有范围。这里以 $n=2$ 为例具体讨论。

设 $Ex_1 \leqslant Ex_2$，En_1'和 En_2'、$C_{T_1}(x)$和 $C_{T_2}(x)$、$C'_{T_1}(x)$和 $C'_{T_2}(x)$分别是 T_1

和 T_2 的截断熵、数学期望曲线、数学期望曲线的不重叠部分，则由 T_1、T_2 构造的综合云 T 的数字特征(Ex,En,He)定义为

$$Ex = \frac{Ex_1 \times E'n_1 + Ex_2 \times E'n_2}{E'n_1 + E'n2}; En = E'n_1 + E'n_2;$$

$$He = \frac{He_1 \times E'n_1 + He_2 \times E'n_2}{E'n_1 + E'n_2}$$

若 $C'_{T_1}(x) = \begin{cases} C_{T_1}(x) & \text{当 } C_{T_1}(x) \geqslant C_{T_2}(x), \\ 0 & \text{其他} \end{cases}$

$C'_{T_2}(x) = \begin{cases} C_{T_2}(x) & \text{当 } C_{T_2}(x) \geqslant C_{T_1}(x) \\ 0 & \text{其他} \end{cases}$

则 $En'1 = \frac{1}{\sqrt{2\pi}}\int C'_{T_1}(x)dx, E'n_2 = \frac{1}{\sqrt{2\pi}}\int C'_{T_2}(x)dx$

图 3-3 为利用该式生成的综合云的示意图。

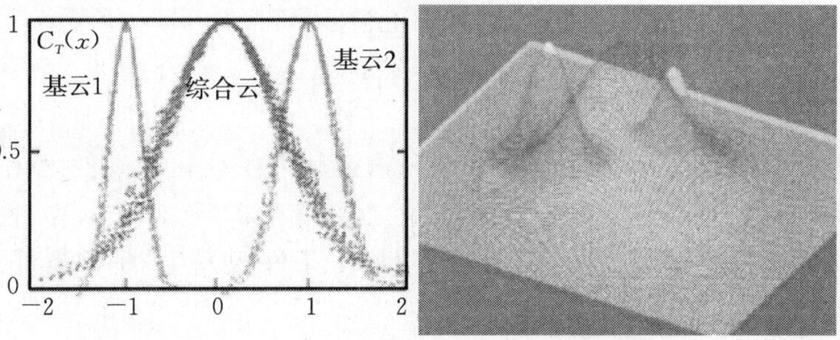

(a)一维综合云　　(b)二维综合云

图 3-3　综合云示意图

3.分解云

分解云是把一个基云分解形成若干个子云。在语言原子分布的数域空间中，高层次概念可被分解为若干个低层次概念，构成概念树。概念树的各层次都对应若干个语言变量，每个语言变量对应一个云对象。例如，"距离不远不近"就可分解为"距离不远"和"距离不近"两个概念。分解云适用于概念树层次间的概念细化操作(范建化，1999)。

4.几何云

几何云根据云模型的已知局部特性，采用几何数学拟合法生成一个完整的新云涵盖之，如图 3-4。它和逆向云发生器的区别在于，几何云只是根据局部特性生成虚拟云，对云滴的数目、分布和精度要求都不高；而逆向云发生器是由某参数未知的云模型的云滴来估计其数字特征，需要较多的、精度较高的云滴。如果仅仅已知两个云滴($x_1, C_T(x_1)$)和($x_2, C_T(x_2)$)，则用下面的公式直接计算几何云的数字特征：

$$\mathrm{Ex} = \frac{x_1\sqrt{-2\ln(C_T(x_2))} + x_2\sqrt{-2\ln(C_T(x_1))}}{\sqrt{-2\ln(C_T(x_1))} + \sqrt{-2\ln(C_T(x_2))}};$$

$$En = \frac{x_2 - x_1}{\sqrt{-2\ln(C_T(x_1))} + \sqrt{-2\ln(C_T(x_2))}}; He = 0$$

如果有多个云滴$(x_1, C_T(x_1))$，$(x_2, C_T(x_2))$，…，$(x_n, C_T(x_n))$，则采用最小二乘法拟合期望曲线，即令 $\sum_{i=1}^{n}(C_T(x_i) - e^{\frac{-(x_i-\mathrm{Ex})^2}{2En^2}})^2 = \min$，求得 Ex 和 En，然后再通过逆向云发生器生成 He 的方法可以计算得到 He。

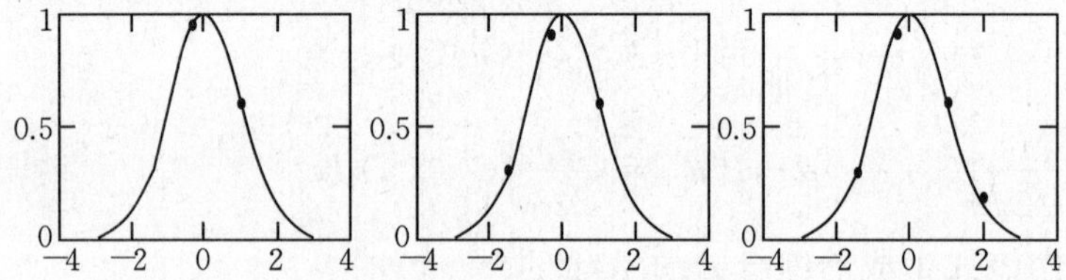

图 3-4　几何云

3.2.5　云发生器

云发生器(Cloud generator，简称 CG)指被软件模块化或硬件固化了的云模型的生成算法。云发生器建立起定性和定量之间相互联系、相互依存、性中有量、量中有性的映射关系，主要包括正向云发生器、X 条件云发生器、Y 条件云发生器和逆向云发生器(图 3-5)。

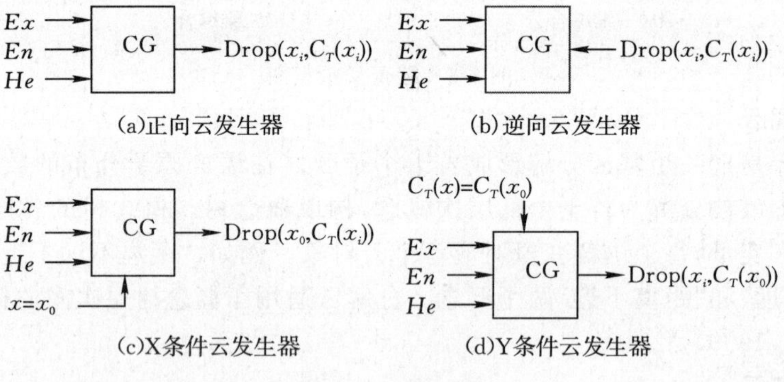

图 3-5　云发生器

云发生器是构造不确定性推理的基础，由多个云发生器按照一定的规律有机地集成一起构成的云的不确定性推理器，是基于云模型的空间数据挖掘的基本工具。云的不确定性推理器，是基于空间不确定性，从空间数据库或空间数据仓库中挖掘知识，实现不确定推理和充分顾及不确定性的智能决策的理论基础。各种云模型可用于表达各种语言值和概念。可是，知识的应用过程实质上是一个推理过程，这个过程既可能是确定的，也可能是不确定的，既可能是一对一的，也可能是多对一，甚至是多对多的。因此，基于云模型的不确定性推理器就主要有单条件单规则、单条件多规则、多条件单规则和多条件多规则等四种。因为社会科学和自然科学的各个分支都已经证明了正态分布的普适性，所以正态云发生器在表达最基本的语言值——语言原子时最为有用，此处也主要以正态云模型为例研究云发生器。

1. 正向云发生器(Forward cloud generator)

正向云发生器是用语言值描述的某个基本概念与其数值表示之间的不确定性转换模型，是从定性到定量的映射。它根据云的数字特征产生云滴，积累到一定数量汇聚为云。正向云发生器实现了从语言值表达的定性信息中获得定量数据的范围和分布规律，是一个前向的、直接的过程，其输入为表示定性概念的期望值 Ex 、熵 En 和超熵 He，云滴数量 N，输出是 N 个云滴在数域空间的定量位置及每个云滴代表该概念的确定度。具体算法为：

【算法 2.1】正向云发生器

输入：(Ex, En, He, N)

输出：$(\mathrm{Drop}(x_1, C_T(x_1)), \mathrm{Drop}(x_2, C_T(x_2)), \cdots, \mathrm{Drop}(x_N, C_T(x_N)))$

算法：

(1)生成以 En 为期望值，He^2 为方差的一个正态随机数 $En'_i = \mathrm{NORM}(En, He)$；

(2)生成以 Ex 为期望值，${En'_i}^2$ 为方差的一个正态随机数 $x_i = \mathrm{NORM}(Ex, En'_i)$；

(3)计算 $C_T(x_i) = e^{-\frac{(x_i - Ex)^2}{2(En'_i)^2}}$ ；

(4)带有确定度 $C_T(x_i)$的 x_i 成为数域中的一个云滴；

(5)重复步骤(1)～(4)，直至产生要求的 N 个云滴。

其中，$\mathrm{NORM}(Ex, En_i')$为生成以 Ex 为期望值，${En_i'}^2$ 为方差的正态随机数的函数。给定正态云的三个数字特征值(Ex, En, He)，上述算法可以生成任意个云滴组成的正态云模型。上述算法为完整的云形态，半云模型可以在此基础上通过限定所取论域内元素的范围来求得，如左半云为“$x_i = \mathrm{NORM}(Ex, En_i')$且 $x_i \leqslant 0$”。为了说明正向云发生器如何实现精确数据点(云滴)和概念之间的转换，这里以二维平面上“原点附近”这一基本概念为例作具体研究。令此概念的期望值 $Ex = \{0, 0\}$，熵 $En = \{0.1, 0.1\}$，超熵 $He = \{0.01, 0.01\}$，并假设要求产生 1 000 个代表“原点附近”这一基本概念的云滴。并用三维描述该正向云发生器的结果的整个云图，平面表示云滴在数域的位置，竖轴表示这个云滴能够代表“原点附近”这个概念的确定度，显然，离坐标原点越近，确定度越高。尽管算法本身带有不确定性，但丝毫不影响每次产生的云滴位置的精确性。

2. X 条件云发生器和 Y 条件云发生器

在给定论域的数域空间中，当已知云的三个数字特征(Ex, En, He)后，如果还

有特定的 $x=x_0$ 条件，那么正向云发生器称为 X 条件云发生器；如果特定的条件不是 $x=x_0$，而是 $C_T(x)=C_T(x_0)$，那么正向云发生器叫做 Y 条件云发生器或隶属度条件云发生器。由于空间坐标系的纵轴一般称为 Y 轴，而隶属度 $C_T(x_0)$ 又常常用纵轴表示，因此隶属度条件云发生器更多地被称作 Y 条件云发生器。X 条件云发生器和 Y 条件云发生器是利用云模型进行不确定性推理的基础。

X 条件云发生器和 Y 条件云发生器的输出结果都是云带，X 条件云发生器为一条，Y 条件云发生器为以云的数学期望为对称中心的对称两条。云带的云滴密集度具有离心衰减的特点，即云带中心对概念的隶属确定度大，云滴密集，越偏离云带中心，对概念的确定度越小，云滴越稀疏。

X 条件云发生器产生的云滴 Drop$(x_0, C_T(x_i))$ 都呈概率分布在直线 $x=x_0$ 上，是规则前件表示的基础。其中，$C_T(x_i)$ 是 N 个隶属度数值的集合，而不是一个数值。X 条件云发生器的具体算法为：

【算法 2.2】X 条件云发生器

输入：(Ex, En, He, x_0, N)

输出：(Drop$(x_0, C_T(x_1))$, Drop$(x_0, C_T(x_2))$, …, Drop$(x_0, C_T(x_N))$)

算法：

```
BEGIN
FOR i=1 TO N
{
En'=NORM(En,He);
```

$C_T(x_i) = e^{\frac{-(x_0-Ex)^2}{2(En'_i)^2}}$;

```
OUTPUT Drop(x0,CT(xi));
}
END
```

Y 条件云发生器产生的云滴 Drop$(x_i, C_T(x_0))$ 都呈概率分布在直线 $C_T(x)=C_T(x_0)$ 上，分别处于期望值 Ex 的两侧，被期望值 Ex 分为左右对称的两部分。Y 条件云发生器是规则后件表示的基础。Y 条件云发生器的具体算法为：

【算法 2.3】Y 条件云发生器

输入：$(Ex, En, He, CT(x_0), N)$

输出：(Drop$(x_1, CT(x_0))$, Drop$(x_2, CT(x_0))$, …, Drop$(xN, CT(x_0))$)

算法：

```
BEGIN
FOR i=1 TO N
{
```

$En_i' = \text{NORM}(En, He)$；

$x_i = Ex \pm En'_i \sqrt{-2\ln C_T(x_i)}$ ；

OUTPUT　Drop(x_i, $C_T(x_0)$)；

}

END

3. 逆向云发生器

逆向云发生器(Backward cloud generator)是实现数值和其语言值之间的随时转换的不确定性转换模型，是从定量到定性的映射。它将一定数量的精确数据有效转换为以恰当的定性语言值{Ex，En，He}表示的概念，并据此代表这些精确数据所反映的云滴的整体。云滴对应的精确数据的数量越多，反映的概念越确切。通过正向云发生器和逆向云发生器，云模型就建立起了定性和定量之间相互联系、相互依存、性中有量、量中有性的映射关系。

逆向云发生器的基本算法是基于数理统计的样本均值和样本方差的均值算法，简称均值法。基于均值法的逆向云发生器的输入是 N 个云滴在数域空间的精确位置和每个云滴代表该概念的确定度，输出是这 N 个云滴表示的定性概念的期望值 Ex、熵 En 和超熵 He。

【算法 2.4】均值法逆向云发生器

输入：(Drop(x_1, $C_T(x_1)$), Drop(x_2, $CT(x_2)$), …, Drop(xN, $CT(xN)$))

输出：(Ex, En, He)

算法：

(1)计算 x_i 的平均值 $Ex = \text{MEAN}(x_i)$，求得期望 Ex；

(2)计算 x_i 的标准差 $En = \text{STDEV}(x_i)$，求得熵 En；

(3)对每一数对(x_i, $CT(x_i)$)，计算 $En'_i = \sqrt{\dfrac{-(x_i - Ex)^2}{2\ln(C_T(x_i))}}$ ；

(4)计算 En_i'的标准差 $He = \text{STDEV}(En_i')$，求得超熵 He；

其中，MEAN( )和 STDEV( )分别为求样本均值和样本标准差的函数。

基于拟合的逆向云发生器算法(简称拟合法)的输入为云滴在数域空间的定量位置及每个云滴代表该概念的确定度，输出是某定性概念的三个数字特征和给定的云滴数量，具体形式描述如下：

【算法 2.5】拟合法逆向云发生器

输入：每个云滴在数域空间的坐标值 x_i 及其代表概念的确定度 $CT(x_i)$；

输出：概念的 Ex、En 和 He，云滴数量 N；

算法：

(1)由已知云滴用云期望曲线 $C_T(x) = \mathrm{e}^{-\frac{(x-Ex)^2}{2(En')^2}}$ 拟合得到 Ex 的估计值 $\hat{Ex}$ ；

(2)将 $CT(x)>0.999$ 的点剔除，剩下 m 个云滴；

(3)由 $En_i'=\dfrac{|x_i-\hat{Ex}|}{\sqrt{-2\ln(C_T(x))}}$ 计算得到 En_i'；

(4)根据 $\hat{En}=\dfrac{1}{m}\sum\limits_{i=1}^{m}En_i'$ 解得 En 的估计值 $\hat{En}$；

(5)根据 $\hat{He}=\sqrt{\dfrac{1}{m-1}\sum\limits_{i=1}^{m}(En_i'-\hat{En})^2}$ 求出 He 的估计值 $\hat{He}$。

多维云的拟合算法，可以通过逐次降维，根据一维云算法来实现。下面为从二维云向一维云转化的算法过程。

(1)由云滴的平均值，估算出 Ex_{x_1}、E_{x_2}，求标准差估算出 En_{x_1}，En_{x_2}；

(2)在$(Ex_{x_1}-5\%En_{x_1})<x_1<(Ex_{x_1}+5\%Ex_{x_1})$内截得云滴映射到 $X_2C_T(x)$ 平面上；

(3)在 $X_2C_T(x)$ 平面上由曲线拟合法，得到 $\hat{Ex}_{x_2}$；

(4)在 $X_2C_T(x)$ 平面上剔除 $C_T(x)>0.999$ 的$(N-m)$个云滴；

(5)对每个剩余云滴，根据 $En_{x_2}'=\sqrt{\dfrac{-(y-\hat{Ex}_{x_2})^2}{2\ln C_T(x)}}$ 求出 En_{x_2}'；

(6)根据 $En'_{x_2}=\dfrac{1}{m}\sum\limits_{i=1}^{m}En'_{x_{2_i}}$，解得 En_{x_2} 的估计值 $\hat{En}_{x_2}$；

(7)根据 $\hat{He}_{x_2}=\sqrt{\dfrac{1}{m-1}\sum\limits_{i=1}^{m}(En'_{x_{2_i}}-\hat{En}_{x_2})^2}$ 求出 He 的估计值 $\hat{He}_{x_2}$。

(8)同理，在 $X_1C_T(x)$ 平面上可得 $\hat{Ex}_{x_1}$，$\hat{En}_{x_1}$，$\hat{He}_{x_1}$。

3.2.6 云变换及其归整

云变换根据某种规律把任意一个不规则的空间数据分布进行数学变换，生成原子概念的云模型集，使之成为若干个大小不同的云的叠加。叠加的云的个数越多，变换误差越小。云变换在一定的误差范围内将任意函数分解为基云的叠加，在于从数据分布中提取定性概念的描述，实现对连续数据的软化分。

$$g(x)=\sum_{i=1}^{n}(c_i*f_i(x))+\varepsilon,\quad 0<\max(|g(x)-\sum_{i=1}^{n}(c_i*f_i(x))|)<\varepsilon$$

其中，$g(x)$为数据的分布函数，$f_i(x)$为云模型的期望函数，c_i 为权重系数，n 为叠加的云的个数，ε 为误差域值。云变换的实质是采用云模型来拟合空间数据分布的概率密度函数，即计算系列原子概念的云模型的数字特征值。从空间数据挖掘的角度看，云变换就是从某一论域的实际空间数据分布中恢复其概念描述的过程，是从定量描述到定性描述的转换，也是一个概念归纳学习的最优化过程，其解并不唯一。

云变换从空间数据分布的概率密度函数构造原子概念集的基本思想是两个启发性原理：

(1)论域中的元素对定性概念的隶属程度是一具有随机性的统计属性；

(2)高频率元素对定性概念的贡献大于低频率元素对定性概念的贡献。因此，可以采用启发式算法实现云变换，峰值法云变换即为其中方法之一(邸凯昌，2000)。

尽管通过云变换能够较好地拟合原始数据分布，但由于没有考虑云模型之间的关系，得到的云模型集可能较为粗糙。通常会出现下列两种特殊情况：

(1)云模型之间的交叠关系过于复杂，有些云模型之间的距离过近，所表达的定性概念非常近似；

(2)云模型之间过于稀疏，甚至出现概念"真空地带"。所以，对原子云模型集进一步做归整处理是不可缺少的。

归整操作包含两部分内容，分别解决上述两个问题：其一是通过加权软或算子合并距离过近的原子云模型；其二是生成加权浮动云弥补概念"真空地带"。由此，可以得到基于云模型的泛概念树叶结点集的自动生成算法。

值得注意的是，通过归整后得到的原子云模型集已不能完全精确地表示原始数据分布。然而，云变换要求原子概念集能够反映数据的分布，而不可能绝对地表示其分布。而且，重要的不是论域上某一点对某一原子概念的隶属程度，而是它对集合中各原子概念的隶属程度之间的关系，是根据数据分布得到的整个原子概念集对整个论域空间的软划分。因此，归整后的原子云模型集合乎人的思维情理，可以被接受和应用。

3.2.7　云模型的不确定推理

云模型的不确定推理是根据一定的已知条件，利用云的不确定性推理器，在一定的环境中推导得到目标规则的过程。规则一般由规则前件(条件)和规则后件(规则知识)两部分组成，根据规则前件或规则后件的数量的不同，基于云模型的不确定推理可以分为单规则推理和多规则推理两类。在空间数据挖掘中，就是顾及空间实体的不确定性，在空间数据库或空间数据仓库中利用云的不确定性推理器挖掘事先未知的感兴趣空间规则知识。

1. 单规则推理

单规则推理使用的是云的单条件单规则和多条件单规则的不确定性推理器。单规则可形式化地表示为："IF A，THEN B"或"IF A_1，A_2，…，An，THEN B"。其中 A 和 B 为用云模型表示的语言值。例如，"如果土地区位好，则地价高"，"如果水平方向位移很小，垂直方向几乎没有沉降，那么滑坡体稳定"。这些语言值都不能用简单的精确数值予以准确地描述。

单条件单规则推理的算法可以通过把 X 条件云发生器和 Y 条件云发生器的算法结合起来生成。由 X 条件云发生器和 Y 条件云发生器的特性可知，在利用单条件单规则不确定性推理器作单规则推理时，规则的输出值不是一个单一的数值，而是一个随机分布的云团，其输入输出之间的关系也不再是简单的点对点的函数式关系，而是多对多的不确定性关系，如图 3-6 所示。

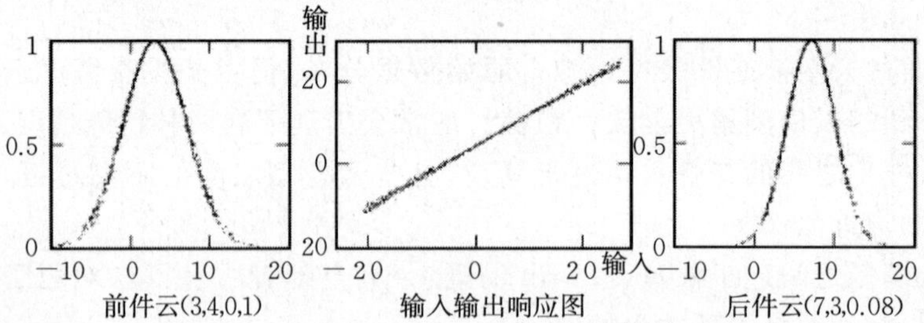

图 3-6 单条件单规则推理图

在多条件单规则推理的算法中，构造由多个语言值组成的规则前件的直接方法是采用多维云发生器。可是，若要表示前件所对应的多维论域空间中的所有语言值，则需要太多的多维云。例如，假定规则前件有两个语言变量，每个变量有五个语言值，那么经过组合前件可能有 25 个语言值，即表示整个论域空间中的语言值需要有 25 个二维云，复杂度太高，难以实现。因此，当多条件中语言值情况较为复杂时，采用云模型的逻辑运算来实现定性推理。这样，多条件单规则推理的算法相对于单条件单规则推理的算法，只是增加了 X 条件云发生器的个数，在和 Y 条件云发生器的算法结合时，也仅仅需要增加几次循环次数和一个逻辑运算，因为在多条件单规则不确定性推理器中，规则前件的多个条件即由多个一维云通过逻辑软“OR”或软“AND”实现(图 3-7)。

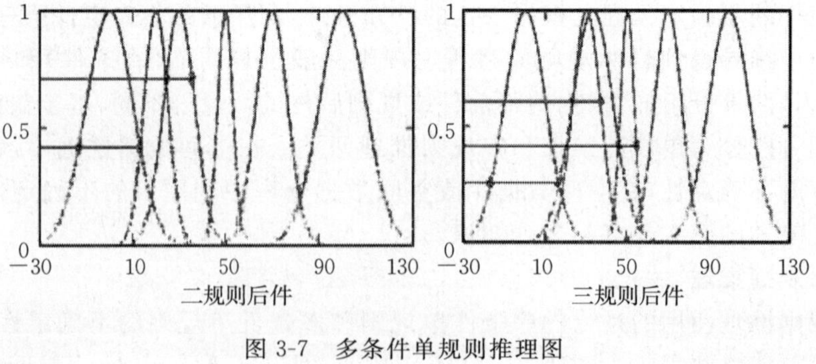

图 3-7 多条件单规则推理图

2. 多规则推理

多规则推理使用的是云的单条件多规则和多条件多规则的不确定性推理器。在实际应用中，更多出现的是多规则推理。单条件多规则推理可形式化表示为：

"IF A，THEN $B_1, B_2, \cdots, Bn$"。多条件多规则推理较为复杂，其形式化表示为"IF Ai THEN Bm"，具体有两种形式：

形式一，多个不同的规则前件组各自决定不同的多个不同的规则后件，即

$$\begin{array}{ll} \text{IF } A_{11}, A_{12}, \cdots, A_{1n} & \text{THEN } B_1 \cdots \\ \text{IF } A_{22}, A_{22}, \cdots, A_{2n} & \text{THEN } B_2 \\ \vdots \qquad \vdots & \\ \text{IF } Am_1, Am_2, \cdots, Amn & \text{THEN } Bm \end{array}$$

形式二，多个不同的规则前件组各自决定不同的多个不同的规则后件组，即

$$\begin{array}{ll} \text{IF } A_{11}, A_{12}, \cdots, A_{1n} & \text{THEN } B_1, B_2, \cdots, Bm \\ \text{IF } A_{22}, A_{22}, \cdots, A_{2n} & \text{THEN } B_1, B_2, \cdots, Bm \\ \vdots \qquad \vdots & \\ \text{IF } Am_1, Am_2, \cdots, Amn & \text{THEN } B_1, B_2, \cdots, Bm \end{array}$$

显然，形式二是形式一基于规则后件的空间叠加，无论复杂度和计算难度，形式二都大于形式一。如果再考虑多个规则前件（或规则后件）之间的相关性，那么两种形式的多条件多规则推理的复杂度和计算难度将都可能呈级数增长，并且形式二的增长速度大于形式一。所以，把形式二拆分为形式一计算是必要的，同时还应该消除多条件多规则推理的多个规则前件（或规则后件）之间的相关性。多条件多规则的推理是按照形式一实现的云的不确定性推理器。可见，多规则推理中每一条规则的构成同单规则推理中的单规则，多规则推理的算法是多个单规则推理算法的综合，其推理机制的关键点在于如何处理多个规则之间的关系。可以首先使用输入值激活每一条定性规则，然后采用几何云综合每一条规则被激活后产生的云团，最后把生成的几何云的期望值作为推理结论输出。

因此，云模型主要反映客观世界中事物或人类知识中概念的模糊性和随机性两种不确定性，它不但突破了概率论与数理统计的"硬计算"局限性，而且解决了作为模糊集理论基石的隶属函数的固有缺陷，破除了粗集边界集的局限性。进一步地，云模型包含了概率理论中的正态分布和模糊集中的隶属函数，当云模型中的参数 $He=0$ 时，云的概率就退化为正态分布，云的确定度也变为经典的隶属函数，二者是云模型的特例。其次，与概率、模糊集、粗集等研究不确定性的数学工具相比，云模型简单且易于操作，一朵云在计算机中存储的只是三个数字特征，能够极大地节省存储资源和计算资源。如果只是考虑数据的整体规律，而不顾及具体的单一数据，那么就可以利用云模型压缩数据。最后，初次接触云模型的人，往往会将云模型错误地理解为简单的概率加模糊或者二次随机等等。虽然云模型是以概率和模糊理论为基础提炼而出的，但是它不是概率，不是模糊，更不是概率加模糊，三者最根本的区别在于：概率和模糊都是用"确定性"来描述"不确定性"；而云模型，是用"不确定性"来描述"不确定性"。它体现出了隶属函数的不确定性，更客观的反

映了某种过渡性，能够更好地刻画人类语言以及思维中的灵活性与柔和性，更接近自然语言和人类思维过程。

§3.3 数据场

数据场模拟物理学场论的思想，在聚类行为的基础上将数域空间映射到数据场空间中，刻画出数据之间的关系。同时，数据场也模仿物理学场论，定义数据之间的影响函数（势函数），将数域空间映射到数据场空间。数据场刻画了每个空间数据对知识发现任务的不同作用，能够把所有处于规则或散乱状态的数据的能量都扩展到规则的笛卡儿网格点上，既考虑了空间数据不确定性，又使得空间数据挖掘易于操作。

3.3.1 物理场的启发

追求物理理论的统一性，是现代物理学研究的一个重要趋势。迄今为止，物理学家已经发现，自然界存在四种基本相互作用（徐绪笃等，1988）。

（1）强相互作用：夸克之间的相互作用，强度大、力程短。强力将夸克束缚在一起组成质子和中子，并将质子和中子束缚在一起组成原子核，也称为核力；

（2）电磁相互作用：带电粒子间的相互作用，力程长，其强度在宏观、微观范围都起作用；相对强度为强力的 10^{-2}；

（4）弱相互作用：广泛存在于轻子与轻子、轻子与强子、强子与强子之间的一种相互作用，力程短，相对强度是强力的 10^{-13}，弱力制约着放射性现象，在 β 衰变等过程中起重要作用；

（5）引力相互作用：即万有引力，物质粒子间普遍存在的一种相互作用，力程长，强度小，相对强度只有强力的 10^{-30}。作用效果在在微观领域可以忽略，但在宇观领域举足轻重。物理学家一直企图将强相互作用、电磁相互作用、弱相互作用和引力相互作用进行统一。爱因斯坦努力了，但没有取得成果。后来，量子电动力学解释了电磁相互作用；量子色动力学解释了强相互作用，又将弱相互作用与电磁相互作用进行统一，即温伯格－萨拉姆电弱统一理论。但大统一理论到现在还缺乏实验验证。

人们对场的认识是有一段历史过程的，首先通过物体间的非接触相互作用，如物体间的万有引力作用，带电体间的静电力作用以及磁铁间的磁力作用等，逐渐认识到了场的存在。在相当长的一段时期内，曾有一种观点认为，物体间的非接触作用，是一种既不需要时间，也不需要中间媒介传递的瞬时超距作用。英国物理学家法拉第反对这种观点，并于 1837 年引入了场的概念。他认为那些非接触作用的发生，都必须通过某种中间媒质的传递才能实现。而这种传递相互作用的媒质就是场。它分布在整个空间或部分空间。

在数学中，场用于描述某个物理量或数学函数在空间内的分布规律。如果所讨论的物理量或数学函数在空间不同点仅有数量上的区别，则称相应的场为标量场，如温度场、密度场和电势场等都是标量场；如果所讨论的物理量或者数学函数在空间不同点不仅有数量上的差异，而且还带有方向性，则称相应的场为矢量场，如电场、磁场、重力场和速度场都是矢量场。

矢量场是一种很广泛的概念。一般地，物理学中的矢量场是某种物质属性的表现。根据物质的性质不同或者条件不同，它总是可以表现为有源场、旋涡场或者是两者的叠加。例如，引力场、静电场、静核力场是有源场，磁场只是旋涡场，而随时间变化的电流通量周围则同时存在有源场和旋涡电场。有源场是基础物理学中讨论得最多的矢量场，一些基本的物理定律实际上都是在表述有源场的分布规律，如牛顿万有引力定律和库仑定律等等。其主要特征是将物体引入场内会受到场力的作用，场线有起点和终点，它们出发并终止于"源"或者"汇"。

不依赖于时间的稳定有源场，又称为有势场或保守场。它具有良好的数学性质，即对应描述场的矢量强度函数，一定存在定义在空间上的标量势函数，使得两者之间可以通过微分算子相互联结。势场的分布可以看作是相互作用的物质粒子之间由于相对位置而确定的势能分布。

受物理学中场论思想的启发，可以将物质粒子间的相互作用及其场描述方法引入抽象的数域空间，尝试用物理学中对客观世界的认知理论来描述人类从数据到信息到知识的认知和思维过程。假定数域空间中每个数据对象都相当于具有一定质量的质点，其周围存在一个作用场，位于场内的任何对象都将受到其他对象的联合作用，则由此在整个空间上确定了一个数据场。对于不依赖时间的静态数据来说，相应的数据场可以看作一个稳定有源场，可以采用矢量强度函数和标量势函数描述其空间分布规律。

3.3.2　样本观测数据

观测只是对母体的抽样，这些空间观测数据也不是现实空间数据的分布母体的全部，而是母体的不完备样本。虽然，相对于分布在规则的笛卡儿网格点上的数据，散乱数据的分布规律比较难以发现，而且面对同样的一堆数据，仁者见仁，智者见智。但是，样本空间中的每个观测数据都不是独立的，都对数域空间中的每个点具有影响力，数据的作用可以遵循距离衰减的原则辐射，从样本空间辐射到母体空间。因此，使用恰当的理论描述和计算接受数据能量并被数据辐射所覆盖的空间，研究非完备数据对决策的不同作用，从不同角度在数据库中寻找隐含的知识变得越来越重要。

假设对空间实体多次观测得到的多个观测数据，组成一个观测向量，即观测向量为给定的来自母体的样本的观测值,观测数据的个数为样本容量。在地球空间信息学中,数域空间内的每个观测数据都是描述空间实体的属性或特征的一个数值。这些有限的数据具有不同于随机性的群体型模糊特性,一般难以穷尽空间实体的全部,不是分布母体的全部,而只是母体的样本,其分布规律也多数未知,而且在不同观测条件下得到的观测向量很可能服从不同的分布规律。小样本事实上就意味着数据不充分,而大样本也并不一定就意味着数据充分。例如,对于连续的总体分布,无论把样本容量取作多大,只要有限,那么数据都是不充分的。若由观测向量不能完全精确地认识数据母体的规律时,则观测向量对应的样本对母体而言并非完备。

根据非完备样本的有限多个观测数据对母体的认识,概率统计的区间估计、建设检验、可靠性判别等方法,只是承认了信息不全可能带来的误差,力求分析清楚这种误差,而并没有涉及和无法描述数据本身的信息结构。同时,基于最小二乘估计或抗差估计的参数估计方法(王新洲,2002)因观测向量的分布规律未知,当观测向量不服从正态分布时,最小二乘估计的结果可能并非最优,甚至面目全非;而当观测向量服从正态分布时,抗差估计的结果可能不如最小二乘估计。尽管根据专业知识、实际经验和假设检验,可使风险的概率减小,但却不可能做到没有风险。这两种估计都含有很大的风险。而且,在关系国计民生的滑坡稳态监测中,显然不能满足于度量数据之不完备,考虑是否让滑坡灾害再重新发生一次,而应积极地把握已有数据的信息结构,作适当的清理和推理,努力从中挖掘这些数据本身所带的抗灾预防信息结构。为了避免风险,黄崇福把三角模糊集扩展到一般模糊集,相应地,也把信息分配扩展到信息扩散,使得扩散估计比非扩散估计更逼近真实关系,并被应用在砂土震动液化势评价、滑坡预报、富裕病发病率、人寿保险精算、抵御粗差参数估计、交通工程水准网平差、Gauss-Markov 模型参数估计等领域(Huang,1997)。可是,他们都没有在空间数据挖掘的前提下,揭示样本数据本身隐含的信息结构,以及样本数据填充母体空间的原因、形式、特征及其物理意义。

3.3.3 样本数据的能量

样本中的观测数据对于认识母体常常是非完备的,例如在滑坡监测中,不可能对滑坡体上的所有点都进行监测,而是从中选择有限的典型地质点作为样本,这样根据典型样本地质点的观测数据对滑坡位移形变母体的监测,就是非完备的。虽然观测数据是非完备的,但是当增加观测次数,增大样本容量,使观测向量对应的样本趋于或达到完备时,根据观测向量却可以更为精确地认识空间实体,对母体的认识也会趋于或达到清晰。即样本从非完备到完备,具有一种过渡逼近趋势。这种趋势表现在非完备样本的每个样本点观测数据上,就是每个观测数据都有发展成多个观测数据的趋势,使每个观测数据都充当“周围”未出现之观测数据的代表。

此时，为了利用有限的样本较好地认识母体，样本空间中的每个观测数据都需要把自己的样本作用向整个母体的数域空间辐射，如同发光体、发电体、发热体等向周围空间发散能量一样，这种可以辐射的数据的样本作用，叫做数据能量。

在数域空间中，每个数据都对整个数域空间辐射其数据能量，以显示自己在空间数据挖掘任务中的存在和作用，从而形成数据场。数据场因数据辐射而起，是数据辐射的一种空间描述形式，是对数据辐射过程的数学抽象和假定。

3.3.4　数据场的概念

数据通过数据辐射将其数据能量从样本空间辐射到整个母体空间，接受数据能量并被数据辐射所覆盖的空间，叫做数据场。数据场可视为一个充满数据能量的空间，数据通过自己的数据场，对场中的另一数据发射能量，将一个位于无穷远处的数据点移至数据场中需要消耗能量。在空间数据挖掘的过程中，空间数据场描述了空间数据库中每个空间数据对所挖掘的空间知识的不同贡献。

如果数据辐射的能量具有方向性，那么数据场就为矢量场，否则为标量场。梯度是描述标量场变化特性的矢量函数，它可以将一个标量场转换为矢量场，也可以通过引入一个辅助标量函数来分析简化矢量场。散度和旋度描述矢量场的源密度和旋涡密度两个固有物理特性。在最一般的情况下，一个矢量场总可以被看作由一个有源场和一个旋涡场叠合组成，如电磁场。因此一个含义不明的矢量场只有当弄清它的两个分量各自的贡献和物理本质后，即已知它的散度和旋度后才算明确。根据它们，还可以扩展得到数据辐射的梯度场、散度场和旋度场等(图 3-8)。

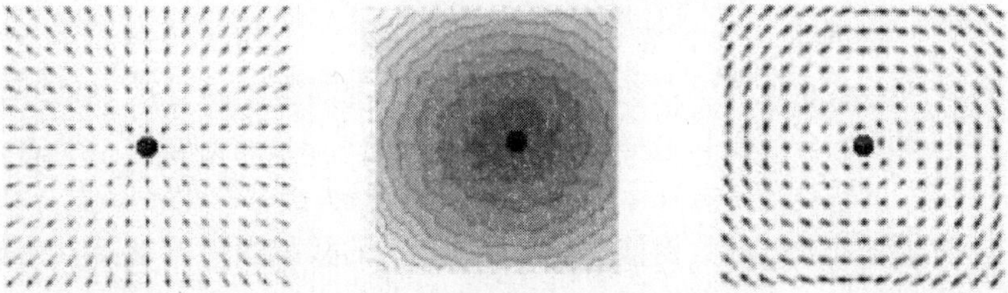

(a)梯度场　　(b)散度场　　(c)旋度场

图 3-8　数据辐射的梯度场、散度场和旋度场

数据场的影响因素主要包括数据辐射半径、数据辐射因子、数据辐射亮度和数据数量，以及这些因素的综合作用，势场的势间距和笛卡尔网格点密度等也对其具有一定的影响。

3.3.5　数据场的性质

数据场具有场的一般特征，但是又不同于一般的地球空间信息学中的场模型、电磁学中的电场或磁场等。数据场的存在，必须满足独立性、就近性、遍历性、叠加性、衰减性和各向同性等条件。

(1)*数据场要求独立性* 每个数据在辐射数据能量的过程中,都以自己为中心,向外独立辐射能量,其特性不因其他数据的存在而有所改变。不同数据辐射出的数据能量可以同时存在于同一个数域空间中。若样本观测数据在辐射数据能量时,遇到障碍物前后的辐射介质变化很大,甚至无法逾越(如 X 条件云和 Y 条件云的阈值条件等),则数据场在母体空间中的分布就会发生突变,可能出现类似波的衍射现象。当无法逾越时(如数据低于阈值条件),数据辐射就会不得不停止;如果障碍物上存有小孔(如数据高于阈值条件),数据辐射就可能如同电磁波一样越过小孔继续传递数据能量,这种现象可称为类衍射(图 3-9)。类衍射在时间序列的空间数据挖掘过程中较为常见,例如当把 $t1$ 时间段的数据能量传向 $t3$ 时间段时,若二者中间的他 $t2$ 时间段有足够的数据($t2$ 的数据量大于或等于 $t1$、$t3$ 的数据量),则可以把 $t1$ 时间段的数据能量顺利传送到 $t3$ 时间段。可是,如果 $t2$ 没有数据或没有足够的数据,则可能阻碍或限制传送,导致类衍射。

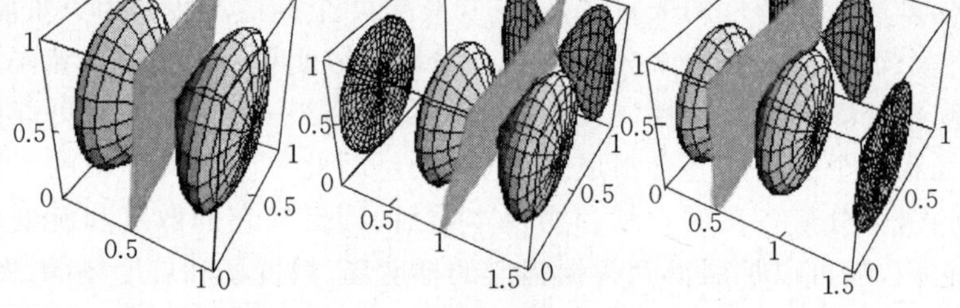

图 3-9 数据场的类衍射

(2)*数据场要求就近性* 在数域空间中,每个观测数据所处的点,既向外辐射数据能量,也接受来自所有其他样本数据的数据能量,为数据辐射主动点;非观测数据所处的点,只是接受所有样本数据的数据能量,为数据辐射被动点。基于就近性,所有数据辐射主动点的数据能量,都大于全部的数据辐射被动点。例如,在滑坡监测中,设置有监测点的滑坡区,数据能量来自于定期观测,肯定大于没有监测点的滑坡区(图 3-10)。

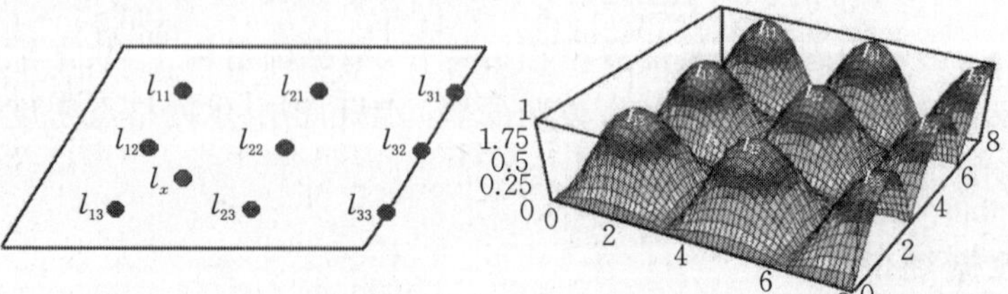

(a)9个滑坡监测点的9个观测数据 (b)9个观测数据的数据场

图 3-10 数据场的就近性和衰减性

(3)*数据辐射在数据场中要求遍历性*　数据辐射将数据能量从样本空间辐射到整个母体空间，实行全域覆盖，构成了数据场。在数据场中，母体数域空间的每个未观测点，都接受来自该数据的数据能量。若把母体空间划分为规则的笛卡儿网格(图 3-11)，则可以把所有杂乱无章的数据置放其中辐射能量，每个笛卡儿网格点就都会收到来自所有数据的辐射能量，只是大小不同而已。数据辐射的遍历性必然导致数据能量的叠加，而数据能量的叠加性则依赖数据辐射的遍历性。在数据系(视数据辐射为系统)中，当几个数据同时向这个未观测点发生数据辐射并彼此相遇时，这个未观测点的数据能量，等于各个数据独立辐射数据能量时在该点所引起的数据能量之叠加合成量。

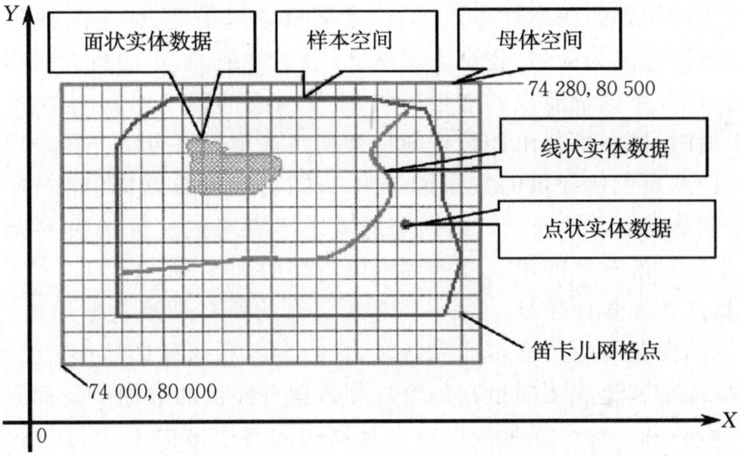

图 3-11　母体空间的笛卡儿网格划分

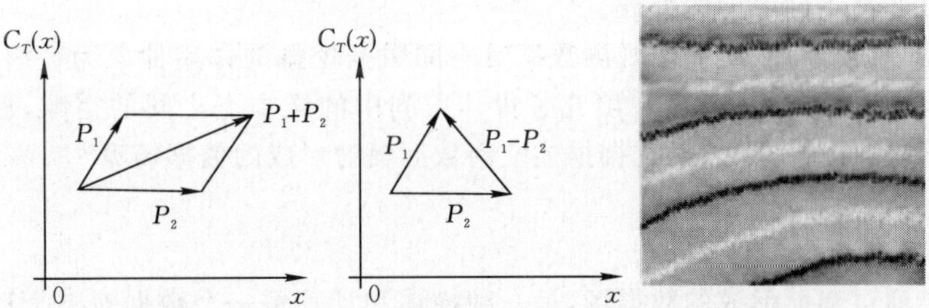

(a)矢量加法　(b)矢量减法　(c)类干涉

图 3-12　数据场的矢量叠加法则和类干涉

(4)*数据场要求叠加性*　在数据辐射叠加时，如果考虑数据辐射的方向，那么每个空间数据辐射的数据能量在母体空间相遇后，同向辐射能量叠加增强，异向辐射能量抵消减弱，这种叠加合成将遵守矢量合成的平行四边形法则(图 3-12(a)，(b))。若所有样本空间中的观测数据的特性全部相同，则在母体空间中可能发生类似波的干涉的现象。即某些点的数据能量得到加强而具有较大的恒定能量，形成能量峰；另一些点的数据能量减弱而具有较小的恒定能量，形成能量谷。这种现象称为类干涉（图 3-12(c)）。类干涉是数据场的势场存在的理论基础，可以从空间实体的概念空间顺利地过渡到特征空间，形成自然的特征拓扑结构。

从数据辐射的类衍射（图 3-9）和类干涉（图 3-12）可以看出，数据辐射符合物质的波粒二象性（徐绪笃等，1988），辐射后形成的数据场只是依具体条件之不同，或主要通过类衍射显示其类粒子性，或主要借助类干涉体现其类波动性。

(5)*数据场要求衰减性*　衰减性建立在数据场的遍历性和就近性基础之上，指数据辐射在母体空间中随距离增加而衰减。观测数据样本点附近得到的数据能量强于远离样本的位置。距离样本点越近，隶属概念越确定，样本的数据能量越强，样本本身的数据能量为最强，完全隶属概念，确定度最高，对应概念的期望值；距离样本点越远，样本数据辐射出的能量越弱，隶属概念的程度越低，也越不确定，当超过一定的距离时，样本辐射出的数据能量微弱得甚至可以省略。在数据辐射中，若观测数据对样本点上所提供的数据能量为 1，则它通过数据辐射对“周围”点上所提供的数据能量就全部小于 1。数据辐射随距离衰减的速度很快，当超过一定的距离时，样本辐射的数据能量就微弱到可以省略的程度（图 3-10）。

(6)*数据场要求各向同性*　对一个空间实体的所有观测数据样本组成一个观测向量，当观测向量对应的样本非完备时，它的观测数据只是“周围”没有出现数据的代表，数据辐射就是观测向量在每个观测数据点提供的数据能量都向邻域辐射，并为“周围”所分享。每个观测数据点在其周围的各个方向上均匀辐射的，都是数据本身所具备的数据能量，数据能量代表了这个数据对某个空间数据挖掘任务的贡献，都具有相同的性质（图 3-10）。辐射介质变化的影响，是外界因素，并非数据场本身性质在不同方向的差异。

数据辐射把有限的样本观测数据对空间数据挖掘的作用抽象为数据能量，从样本空间向母体空间辐射，并填充了母体空间中的样本点之间的空隙，形成数据场。那么，怎样为空间数据挖掘描述空间数据辐射形成的数据场呢？

3.3.6　数据场的场强

数据通过辐射形成的数据场，是一种描述和计算每一个数据对整个数域空间的作用的虚拟空间场，可用场强函数描述数据在空间辐射能量的规律。场强函数描述数据辐射能量的分布规律，度量在数据场中不同位置的场强。数据发射其能量的形式和特性的不同，导致描述数据场的场强函数的差异。

在空间数据挖掘中，不同的人、在不同的知识背景环境中、站在不同的角度观看和研究数据，以数据辐射的观点来看，实质就是选取数据场的具体描述形式及其场强函数。对于同样的一堆空间数据，同一个人从不同的角度看，可能有不同的结果;不同的人看,也可能得到不同的结果。可见,场强函数是定义在数域空间上的连续光滑函数,随距离呈非线性。场强函数是场点到场源距离的单值单调下降函数。当距离为 0 时,势值最大,但不是无穷大;当距离趋于无穷大时,势值趋于 0,非负。这也是确定场强函数形态的准则。

场强函数决定了基于数据场的空间数据挖掘的结果,为了得到较为可靠和有用的知识,场强函数的选取应该充分考虑空间数据本身的特点、空间数据辐射的特性、场强函数形态的确定准则、空间数据场的应用目的或应用领域等。那么,什么样的场强函数才是适合于空间数据的?怎样选取适合于空间数据挖掘的场强函数呢?显然,这是利用数据场进行空间数据挖掘的瓶颈。

为了便于后续讨论,特作如下假设:在同一个数域空间中,p 为数据场强(数据辐射到某点的数据能量大小),r 为数据 x 的辐射半径(母体空间中某点和数据 x 的距离),$C_T(x)$是数据辐射亮度(数据 x 对概念 T 的确定度),k 为数据辐射因子(即顺应场合而定的数据场常数)。若数据场为矢量场,则把矢径上的单位矢量记作 $\hat{\boldsymbol{r}}$,方向沿着数据点和其他受辐射能量点的连线,并指向受辐射能量点。

1. 衍生场强函数

在求取数据场的场强函数时,较为简单直观的做法是,直接借用物理学中现有的场强函数,称为衍生场强函数。具体而言,就是把引力场、电场、磁场、辐射场和热场等物理场的场强函数(徐绪笃等,1988),直接引入由数据辐射生成的数据场中,并结合空间数据辐射的特点,衍生得到相应的数据场的场强函数。衍生场强函数的名称、数学表达式及其说明如表 3-1 所示。

表 3-1　衍生场强函数

<table>
<tr><th colspan="2">数据场名称</th><th>数学表达式</th><th>说　明</th></tr>
<tr><td colspan="2">引力衍生场</td><td>$p = k\frac{C_T(x)}{r^2}\hat{\boldsymbol{r}}$</td><td>数据根据万有引力定律辐射能量,为矢量场。$k=6.67\times10^{-11}$</td></tr>
<tr><td colspan="2">电荷衍生场</td><td>$p = k\frac{C_T(x)}{r^2}\hat{\boldsymbol{r}}$</td><td>数据根据电荷力辐射数据能量,为矢量场。$k=8.99\times10^{-9}$</td></tr>
<tr><td rowspan="2">磁衍生场</td><td>静数据</td><td>$p = \int k\frac{C_T(x)\mathrm{d}r}{r^2}\hat{\boldsymbol{r}}$</td><td rowspan="2">数据根据电荷磁场辐射能量,为矢量场。dr 是无穷小的数据区间,v 为数据的运动速度。$k=1\times10^{-7}$</td></tr>
<tr><td>动数据</td><td>$p = k\frac{C_T(x)v}{r^2}\hat{\boldsymbol{r}}$</td></tr>
<tr><td colspan="2">电势衍生场</td><td>$p = \frac{C_T(x)}{4\pi kr^2}$</td><td>数据根据电势分布辐射能量,为标量场。$k=8.85\times10^{-12}$</td></tr>
<tr><td colspan="2">核辐射衍生场</td><td>$p = e^{-\frac{r^2}{k[C_T(x)]^2}}\hat{\boldsymbol{r}}$</td><td>数据根据核辐射辐射能量,随距离衰减很快,为矢量场。k 随辐射源变化。</td></tr>
<tr><td colspan="2">热衍生场</td><td>$p = k\frac{C_T(x)}{\ln(k_v r^3)}$</td><td>数据根据热传播定律,从数据能量高的样本点向数据能量低的母体点辐射能量,为标量场。k 随辐射源的温度、压强和体积变化,k_v 是体积常数</td></tr>
</table>

从表 3-1 中可以看出，这些衍生场强函数都具有明确的物理意义，例如引力衍生场可以解释为：位于原点而数据辐射亮度为 $CT(x)$ 的数据点对位于另一点而数据辐射亮度为 1 的数据的引力。衍生场强函数大体可以分作三类：

(1)引力衍生场、电荷衍生场和磁衍生场，p 随着 $CT(x)$、r^2 变化，表达式中的常数 k 都是由实验测定的普适恒量，其数据场随距离衰减的速度为 $\triangle p \propto 1 / (\triangle r)^2$；

(2)核辐射衍生场，p 随着 $\mathrm{EXP}[-1/(CT(x))^2]$ 和 $\mathrm{EXP}(-r^2)$ 变化，表达式中的常数 k 是变量，其数据场随距离衰减的速度为 $\triangle p \propto \mathrm{EXP}[-(\triangle r)^2]$；

(3)热衍生场，p 随着 $CT(x)$ 和 $\ln(r^3)$ 变化，表达式中的常数 k 是变量，其数据场随距离衰减的速度为 $\triangle p \propto 1 / \ln(\triangle r)^3$。

从中可以发现，这些场的物理机制虽然各不相同，但在数学形态上却非常相似，即空间区域中不同物质粒子相互作用的数学本质是相同或相近的。显然，随距离衰减速度最快的是数据的核辐射衍生场。在使用衍生场强函数时，可以根据应用目的和对数据辐射的要求之具体不同而进行适当选取。相对而言，在这些衍生场强函数中，以核辐射衍生场最为符合数据辐射的基本性质，应该给予重点研究。

2. 场强函数

从空间数据场的特点可知，数据辐射是以数据场为媒介向母体空间的每个点发射数据能量，无需与其直接接触。空间观测数据的辐射亮度(即空间数据本身对概念的确定度)决定了其对母体空间的辐射能量，能量的大小随场点位置而异，具有空间分布的性质，而且随距离衰减地很快。因此，在空间数据场中，场强与数据辐射亮度成正比，和距离数据的位置成剧烈反比，场强分布函数是数据辐射亮度和空间位置的标量函数。这些在衍生场强函数中已经得到体现。核物理认为，核子之间、核子与介子之间，通过夸克间交换胶子实现强相互作用，都是力程甚短的核力，这使得核辐射随距离衰减的快。相对而言，核辐射衍生场就最为符合数据辐射的基本性质。虽然它和数据辐射的物理意义有所不同，但是它们的辐射方法都是从高能量区向低能量区发射，具有相似性，而且其函数形式也和空间数据处理的最小二乘配置的协方差函数相似。故空间数据的场强函数可在核辐射衍生场的基础上发展而来。

把空间数据通过数据辐射向数域空间发射数据能量看作扩展了的广义核辐射作用，考虑正态分布的普适性及其概率密度分布函数，以及数据辐射的距离衰减快速性，可以得到如下的拟核辐射的空间数据的场强分布函数式(3-1)

$$p = e^{-\frac{r^2}{2k^2 C_T(x)}} \tag{3-1}$$

其中，数据 x 的辐射亮度 $CT(x)$ 在很大程度上决定了数据辐射的能量强弱，在无法给定数据辐射亮度时可以将其统一设为 1。对于空间影像数据，可以其灰度值作为数据辐射亮度，最小的灰度值 0 对应数据辐射亮度 0，最大的灰度值 255 对应数据辐射亮度1,其他影像的数据辐射亮度为其灰度值和255的比值。数据辐射因子k与数据的数量和分布有关,对数据场的场强函数起调节作用。

值得注意的是,为了便于计算数据场的场强和势,此处母体空间的划分根据是规则的笛卡儿网格,辐射半径r是某个规则的笛卡儿网格点和数据x的距离,“在数据场的不同位置的场强和势”实质是“在数据场的不同笛卡儿网格点上数据场的场强和势”。如描述点状、线状和面状的空间实体的数据场的母体空间划分(图3-11)。

3.3.7　数据场的势

数据场的场强函数描述的是单个数据的数据场分布规律,中心是讨论单个数据对概念的确定度随距离的变化。可是,空间数据挖掘研究的是大量空间数据,更为关心多个空间对象在一个或一个以上的属性数据值中所体现出来的空间特征。同时,一个样本数据对母体空间中的任何一个点都有贡献,每点的数据场都是它接受的所有数据的数据场的叠加,任何一点的数据场的场强都是这些数据场在该点的代数和。因此,有必要再根据数据场的特性,进一步研究多个数据的数据场的分布和作用规律。

1.势

各个数据都独立向外辐射数据能量时,在数域空间中的一点所引起的数据能量之和,称为此处数据场的势(Potential)。数据场的势度量数据场中某点所受数据辐射能量总和的强弱,它既是全部数据的数据场在该点的数据能量强度之和,也是此点所接受的全部数据辐射过来的数据能量之和,可以认为是数据场在某点处的单位做功能力。

2.势函数

根据空间数据的场强函数,不难得到空间数据场的势分布函数式(3-2)

$$p = \sum_{i=1}^{N} p_i = \sum_{i=1}^{N} e^{-\frac{r_i^2}{2k^2 \cdot C_T(x_i)}} \tag{3-2}$$

其中,在同一个数域空间中,P为数据场的势(即某点所接受的全部数据辐射过来的数据场的能量强度之和),N为数据的数量,r_i为该点和数据x_i的距离,$C_T(x_i)$是数据x_i的辐射亮度,k仍为数据辐射因子。可见,数据场的势是根据场强函数计算得到的全部单个数据场的强度之和。势函数是一个关于场点位置的标量函数,它在场空间中构成一个标量场,即势场。相对描述单个数据辐射的场强函数而言,数据场的势分布函数重在研究全部数据在数域空间中的不同空间位置所引起的数据能量总和,在数据场的不同位置,就有不同的势函数值。

3.等势线

在数域空间中,把数据场的势相等的每个笛卡儿网格点,分别用平滑的曲线连接在一起,形成的嵌套的等值线,叫做数据场的等势线(Isopotential)。根据给定的势值,沿着与辐射方向成正交的方向围绕数据作等势超截面,可以得到等势面。每给定一个势值就有一个等势线(面),选定一组势值,就可以用一系列的等势线(面)来表示势函数在多维空间的分布。在数据场中,越靠近数据,数据辐射亮度越大,等势线(面)越密集,反之等势线(面)则越稀疏(图 3-10)。因此,等势线(面)是全部数据场叠加后形成的嵌套形式,形象地表示了数据场的分布,是一种自然的拓扑结构(图 3-13)。

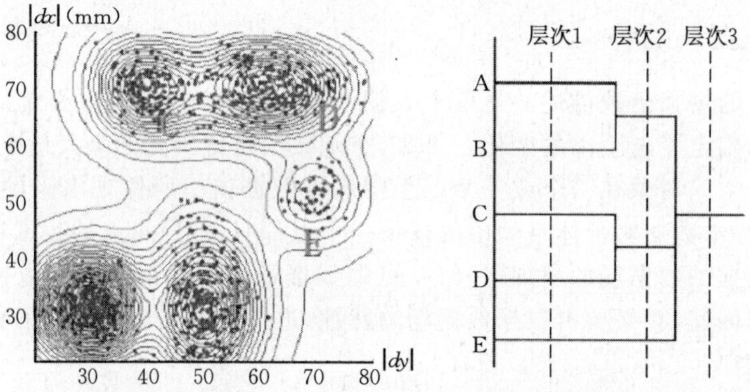

(a)基于等势线的自然聚类 (b)自然类普图

图 3-13 基于数据场的势场的自然聚类和类谱图

实际上,对于一定的数据场的势值来说,式(3-2)所示的函数在数学上便是一个曲面方程,表达着一个特定的空间曲面,也就是等势面。就不同的势值而言,可以得到一组特定的等势面簇,其形状表达了场源数据的分布情况,描绘出这组等势面簇,也就形象地显示了数据场的分布,在纸面上所画出的等势线,只是等势面和纸面相截处的曲线。

4.势场和势心

全部等势线(面)根据数据场也构成了对数域空间的另一次重新覆盖,叫做势场。势场基于场强函数,通过势函数叠加而得到,是数据场的外在表现方式之一。它把数据场的抽象度强弱,直观地可视化为具体的等势线(面)的稠密和稀疏,体现了数据样本辐射能量后的整体特征。在势场中,观测数据附近的辐射亮度较大,数据场也较强,表现为等势线(面)密集;距离数据越远,辐射亮度越小,数据场也越弱,表现为等势线(面)越来越稀疏(图 3-14)。

在势场中,由等势线(面)围绕所形成的不同中心,称为势心。势心是多个空间对象在一个或一个以上的属性数据值中所体现出来的空间特征,势场中的所有势心构成空间对象的特征空间。在单独数据的数据场形成的势场中,势心就是数据本身所在的位置。两个或两个以上的数据的辐射场形成的势场,势心偏向于辐射亮度较大的数据,且一般位于同类数据簇的重心位置。数据簇的势心是该组数据对数域空间中的某个概念的隶属中心，也是数据于该概念的特征聚类中心(见图3-13、图3-14)。

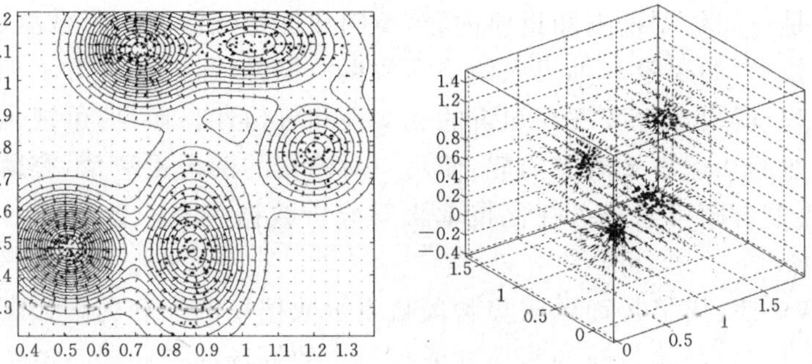

图 3-14 势场随距离的变化

5.自然拓扑类

在空间数据挖掘中，可以把每个空间数据映射到数域空间中的一个特定点上，成千上万的空间数据在数域空间中就是成千上万个点。在空间数据场的势场中，若以规则的笛卡尔网格划分母体空间，则这些成千上万的特定数据点，各自独立向所有的规则笛卡尔网格点辐射数据能量，任何一个笛卡尔网格点的势都是所有空间数据辐射到该点的数据场的叠加。在各笛卡尔网格点累加后的势场中，等势线(面)自然嵌套，整体上以不同的势心为中心呈现出自然的抱团特性，形成自然的拓扑聚类和类谱图。图3-13为滑坡体变形监测点的观测数据的辐射数据势场的自然聚类和类谱图。

从图3-13中可以发现，许多空间实体先通过描述它们的数据向母体空间辐射数据能量形成势场，然后再根据等势线的自然嵌套，在不同认识层次上自然聚类，形成自然的类谱系图，分别代表滑坡监测点的不同特定群体，表示滑坡变形的具体不同特征，并可以使用概念描述。首先，空间实体在层次1上自动聚集为A、B、C、D、E五类，分别表示滑坡体监测点“变形小而密集”、“变形小而疏散”、“变形大而较密集”、“变形大而疏散”、“滑坡体变形中而疏散，且数量少”、其次，A类和B类、C类和D类在层次2上分别构成同一谱系AB类、CD类，分别表示滑坡体监测点“变形小”、“变形大”；最后，AB类、CD类，再与E类在层次3上构成更大的谱系$ABCDE$类，表示“滑坡体监测点发生了大小不一的变形”(图3-13(b))。

因此，在数据辐射中，数据场是数据的内在本质，势场为其外在现象。数据场的特性决定了势场的特性，而势场的形态特征则反映了数据场的空间特征，故可以透过势场，发现和把握数据场的规律。通过数据场的作用，可以将数据依据它们之间的相互关系及其形成的等势线图划分成不同的类，也可以将一个类中的数据对象作为一个整体来对待。这个整体代表了其中所有的数据对象，同时每个数据对象又在不同的程度上反映了这个整体，这个整体就是代表这组数据的概念。

3.3.8 数据场的可视化

可视化是空间数据挖掘的重要内容，空间数据挖掘涉及海量数据、复杂的数学方法和信息技术，如果没有可视化的空间数据挖掘方法，人们将看不到从数据中提炼知识的过程，就很难理解发现知识的真实性和可信性。而且，可视化空间数据挖掘拓宽了一般的知识发现图表功能，使用户对数据的剖析更清楚，有助于减少建模的复杂性，决策者则可通过可视化技术交互分析数据关系。数据场的可视化方法包括：

(1)等势面法：用等势面的密集和稀疏表示数据场的强和弱。如图 3-10(b)。

(2)等势线法：用等势线的密集和稀疏表示数据场的强和弱。虽然等势线是等势面和平面纸面相截处的曲线，但是该方法相对较为常用，如图 3-13(a)。

(3)N+1 维法：N 维空间的点表示笛卡尔网格点在数域空间的位置，另一维表示该点数据场的强弱。如图 3-10(b)。

(4)色度法：把势值对应到色度空间中，使用不同的颜色(或灰度)表示不同的势值，借以表达数据场的强弱。如图 3-8(b)。

(5)射线段法：用射线段的方向和长短分别表示数据场的方向和大小。主要用于矢量数据场的表示，如图 3-8(a)。

上述数据场的可视化方法并非相互孤立，而是可以相互转化的。例如，将等势面和平面纸面相截，可以使等势面转化为等势线；把 $N+1$ 维的图形根据一系列的势值向某个平面投影，可以把 $N+1$ 维法转变为等势线法，将不同的势值用不同的颜色或灰度表示，则为色度法。单个孤立数据场的可视化，对空间数据挖掘是没有多大意义的，因为空间数据挖掘的目的是从大量空间数据中发现一般性的感兴趣规则。所以，分析数据场的可视化，在空间数据挖掘中研究更多的是数据辐射势场的可视化。

§3.4 云模型和数据场的协同

自然界中大量模糊概念可以用正态隶属云来刻画的事实，导致了对正态隶属云内外部特征以及普适性的深入研究。云模型告诉我们，自然语言中的基本语言值是个定性概念，对应着一个定量的数据空间，反映概念的内涵和外延，称为概念空间，概念和概念之间通过场相互作用，形成概念空间的场。对象和对象之间相互联系、相互作用，就形成了特征空间的场。物理学研究的问题往往涉及分布在一定空间区域中的物理量(例如引力场、电场等)，将特征空间和概念空间中客体之间的相互作用进行归纳，并结合物理学的场论思想，就引入了数据场。同时，空间数据的场强函数，距离衰减速度和云的 3 倍熵规则极为相似，能够令数据场在发现状态空间中和云模型发生关联，在空间数据挖掘中共同发挥双翼作用。

在发现状态空间中，属性空间、概念空间、特征空间分别是对实体的属性之间、概念之间、特征之间的关系、一致性和差异性的认识和发现，认知层次则反映属性值、概念值、特征值的概念粒度（和/或尺度）的增减。例如，在发现状态空间中，对于宝塔滑坡形变监测数据，同一个监测点在不同时期内的监测数据，可以看作该监测点的属性，对应发现状态空间的属性方向，每个监测点具有监测点、监测日期和位移方向三个属性；各个不同监测点，一般具有不同的位移形变特征，对应发现状态空间的宏元组方向；从形变监测数据中挖掘得到的不同粒度层次的空间知识则对应发现状态空间的知识模板方向，粒度层次越大，尺度层次越小，从中发现的知识越浓缩。在宝塔滑坡空间监测数据的知识发现中，云模型和数据场运行于发现状态空间发挥双翼作用，具体实现不同层次的知识跃迁。

根据精确的滑坡监测数据，利用辐射拟合逆向云发生器得到的云的三个数字特征（期望、熵和超熵），反映了这些定量数据对定性的滑坡形变位移水平的总体分布规律。因此，在存储或传输滑坡的形变位移水平时，就可以利用云的三个数字特征代替某个空间数据挖掘视角的空间监测数据。在需要时，可以依据这三个数字特征，使用正向云发生器还原生成用户指定的任意多个空间监测数据，相当于用户在一个滑坡形变位移水平下，对监测点随心所欲地观测多次。这实际上是对空间数据在遵循它们的整体分布规律前提下的压缩和复现。当监测点的数据很多时，其对计算资源和工作量的节省是巨大的。同时，如果监测点的数据很少，那么逆向云发生器和正向云发生器的使用，还可以弥补数据不足的缺陷。

在空间监测数据形成的数据场中，若数据很多，则在存储或传输滑坡的形变位移水平时，都需要很大的计算资源和存储空间。若数据很少，则数据在数据势场中的势心，就可能基本是每个监测数据的空间位置，彼此独立，难以生成自然的拓扑关系。而对空间监测数据交互使用逆向云发生器和正向云发生器，就可以解决这两个问题。同时，数据场的自然拓扑关系，可以帮助云模型更好地实现定性定量的相互转换。例如，在发现状态空间中，给定监测点在不同监测日期于给定方向的位移，构成以不同监测日期为属性，以在不同监测日期得到的给定相同方向的形变位移量为属性值的二维表，只是宏元组方向仅有一个给定的监测点个体，可以通过空间数据挖掘获得这个监测点在该位移方向的个性知识。若监测周期长，数据量大，或监测周期短，数据量小，则可以使用云模型降维或补充基于已有位移水平的数据。同时，数据场的势场就自然地给出了该滑坡监测点在该周期内随时间变化的序列模式。

§3.5 本章小结

本章主要集中研究了空间数据挖掘视角的两种技术:云模型和数据场。

首先,根据集合论,分析了可以用于空间数据挖掘视角的技术方法,认为云模型因现有理论在描述自然世界中的随机性和模糊性的不足而产生,数据场能够利用有限的样本数据较好地认识母体规律。

其次,研究了云模型的基本概念、云模型的数字特征、云模型的类型、虚拟云模型、云发生器、云变换及其归整、云模型的不确定推理等基本内容,并在此基础上取得了一定的见解或创新。云模型用数学语言把自然语言中概念的模糊性和随机性有机地集成在一起,构成定性概念和定量数据之间的映射,实现定性描述和定量计算相互间的数学转换。

再次,从空间数据辐射的角度建立了数据场。空间观测数据不是现实空间数据的分布母体的全部,只是母体的非完备样本,数据场通过数据辐射将其数据能量从样本空间辐射到整个母体空间。数据发射能量的形式和特性的不同,导致了描述数据场的场强函数的差异。

最后,在空间数据挖掘视角中,云模型和数据场内在的数学一致性,能够令数据场在发现状态空间中和云模型发生关联,在空间数据挖掘中共同发挥双翼作用。

第 4 章　滑坡监测数据挖掘视角

滑坡监测数据挖掘视角，是相同的人从不同的知识背景或不同的人从相同的知识背景下，根据给定要求，基于不同的认知层次，从监测数据中挖掘决策规则的角度。从不同的视角对数据进行挖掘，可能得到不同层次的知识，不同层次的知识有不同的用途。滑坡监测数据挖掘是利用一定的方法，从形变监测数据中挖掘事先未知却有用的空间知识的技术。基于多个不同层次的挖掘视角，空间数据挖掘可把每个定量的精确监测数据的作用，在不同的认识层次上浓缩到定性的决策思维中。

§4.1　滑坡监测视角分析

4.1.1　滑坡灾害

一个发育完全的滑坡在地质上由滑坡体、滑动面、滑动壁、滑坡阶、滑坡古丘和滑坡裂缝等要素组成。不同的滑坡体又具有不同的内部结构和不同的滑动因素，而且体积差异极大，由数立方米至数亿立方米。滑坡的成因主要有内力和外力两种。内力包括滑坡体的物质性质(在滑坡体内最易产生滑动的为夹有软弱岩层的坚硬岩石和松软土层)、地质构造(岩层倾向与斜坡向一致时，以及岩体多断裂时易产生滑动)和坡度(坡度超过边坡体止角时易产生滑动)。外力则有自然的降水(水的浸润降低滑动摩擦力是导致滑动的重要外因，雨季产生的滑坡占总数的 90%以上)、自然的地震(地震通过改变滑坡体所处地域的地层状况诱发滑坡，首先破坏斜坡土石结构，土石在反复震动冲击下就会沿原有裂缝或新产生的裂缝面滑动)和人为的采挖矿石、开挖渠道等人类活动(如果施工不当而破坏了滑坡体的平衡、也会导致滑坡)。内力和外力共同作用在滑坡体上，合力推动滑坡体的运动。当然，其中也有方向不同的力的相互抵消。当推动滑坡体运动的合力达到一定程度，形成滑坡灾害。

滑坡灾害发生的后果是极其严重的。在三峡库区，历时数年的秭归、云阳、万县等县市城镇都建在滑坡堆积体上。近几十年来，由于库区人口的猛增，各种土建工程的兴建，滑坡体的原有应力平衡情况得以恶化，使滑坡体的形变加剧，时刻影响和威胁着人民的生命财产的安全。现在由于三峡工程的建设，与工程配套的是 100 万人口的大移民，涉及到重建 13 座城市和 114 座集镇，新城市人口规模大的可达30～50万人，集镇人口可达几千至上万人。这就意味着，三峡库区的地质问题基本上构成了生存环境地质问题。1963年，意大利北部的瓦依昂特水库发生特大滑坡，近3亿m^3的岩体挤出了水库中5 000万m^3的水，毁灭了下游的一座城市和几个小镇，大约3 000人死亡。1985年6月，位于长江西陵峡上段，兵书宝剑峡出口北岸湖北秭归新滩镇后的姜家坡发生了新滩滑坡，摧毁了整个新滩镇。滑坡区内数千人由于预报转移及时无一伤亡，但滑坡涌浪冲翻长江上下游机动船和木船若干只，造成船员死伤、失踪10名。1995年6月，位于三峡库区的湖北省巴东县黄土坡发生了体积约4万m^3的大滑坡，淹埋14人，死亡5人，直接经济损失1 000多万元。10月，黄土坡的三道沟又发生体积约16万m^3的滑坡，有4至5万m^3土石滑入长江，在江中形成一座约1 200 m^2的小岛，使这一段长江航道缩窄至仅200 m，直接经济损失约2 000万元。因此，长江三峡库区滑坡的稳态如何，在长江三峡水利工程及三峡库区的生命财产安全中占有不可取代的地位，人们必须掌握清楚，不允许出现任何疏忽和差错。

长江三峡水利工程位于长江上游的三峡风景区西陵峡内，工程所在地三斗坪下距湖北省宜昌市45 km。在三峡水库长达5 927 km的岸线上，人们最为关心的是岸坡的稳定性问题。其中，宝塔滑坡是长江三峡库区的特大型滑坡，其稳定与否，将直接关系到长江三峡水利工程和滑坡区人们的生命财产安危。

宝塔滑坡位于重庆市云阳县城东约1 km处的长江左岸，滑坡前缘高程70 m，后缘高程520 m，相对高差为450 m，滑坡区面积达多4 km^2。此滑坡体岩性为灰白色长石石英砂岩与紫红色泥岩等五层，岩层走向为东西向，倾角上陡下缓（40°—8°），呈椅状。滑体表层为砂质粘土，平均厚度69 m。滑坡区体积估计1.04亿m^3，属于特大型滑坡。该滑坡区上有宝塔乡4 000多户居民、两所学校、一个磷肥厂。宝塔滑坡土层肥厚，其上居民以种植蔬菜为主，云阳县城的蔬菜主要由此地供给。近几年来该滑坡体有全面蠕动复活的迹象，已经引起国家有关部门和专家的高度重视。

滑坡形变监测作为了解和掌握滑坡稳态的一个极其重要的手段，一直受到重视和发展。进一步地，寻找合适和可靠的理论方法，基于多个不同的视角，从宝塔滑坡形变监测数据集中挖掘知识，通过对比实测数据和视角挖掘分别所得的结果，检验和证实数据挖掘视角的可行性和有效性，为国家有关部门对宝塔滑坡的决策提供空间知识支持，具有现实意义。

4.1.2 滑坡监测

滑坡监测是通过监测获取滑坡体变形破坏的三维位移（X、Y、H方向）、倾斜变化、物理参数、环境因素等各种特征信息，分析其动态变化规律，进而预测预报滑坡灾害发生的时间、空间、强度，为防灾减灾提供依据。因滑坡类型多、特征各异、变形机理和变形阶段互不相同，故滑坡形变监测的技术方法也不尽相同。最原始的方法是通过查看滑坡区哪里出现了裂缝，塌陷或冒混水等变形迹象实现监测，后又在滑坡区开挖竖井及平硐，埋设伸缩仪，布设引张线、正倒垂线和静力水准等观测设施(王树良，2002)。目前，国内外滑坡监测的内容丰富、技术多样、仪器品种繁多，已经发展到一个较高水平，其方法主要可分为宏观地质观测法、简易观测法、设站观测法、仪表观测法、和自动遥测法五类。其中，设站观测法中的 GPS 测量法，可全天候观测，且不受地形通视条件的限制，定位精度达毫米级，符合滑坡监测的要求，正在逐步替代常规监测方法。

滑坡形变监测是了解和掌握滑坡稳态的一个极其重要的手段，为了掌握长江三峡库区的滑坡形变情况，更好地防灾减灾，长江勘测工作者在库区危害大，变形量显著的三峡地区重点滑坡区上布设了各种监测点和监测仪器，并成功地监测预报了新滩滑坡等多次滑坡灾害。从 1996 年开始，长江水利委员会综合勘测局又先后在宝塔滑坡、新滩链子崖滑坡等处建立了 GPS 监测网(曾旭平，2000)。

宝塔滑坡在地质上由许许多多的不稳定体组成，在地表则表现为断层等各种地貌特征。最小的不稳定体当然是滑坡体上的点，监测宝塔滑坡的最好方法也当然是监测组成滑坡体的所有点，可这是不可能的。但是，可以根据宝塔滑坡的地质特征，沿其断面在滑坡体的典型不稳定体上设立监测点，通过定期监测这些点的变化，而达到监测滑坡体的目的。根据宝塔滑坡的地质特性、变形破坏机制、以及所处的变形阶段等，宝塔滑坡体监测采用了设站观测法，在滑坡体设立变形监测点，在滑坡体变形影响范围之外的稳定基岩上设置固定观测站。

宝塔滑坡形变监测系统建成于 1996 年 12 月，整个监测系统由监测水平位移形变的 GPS 监测网和监测滑坡垂直位移形变(沉降或上升)的二等几何水准监测网组成，定期监测滑坡体内监测点的三维位移(X、Y、H 方向)变化。监测点的布设如图 4-1 所示。共埋设了 16 座混凝土观测墩，标面埋设强制对中基盘。其中，4 个监测基准点 BT02、BT03、BT04 和 BT05 均位于滑坡体外的稳定基岩上，为 GPS 首级基本控制网网点，其他 12 个滑坡体监测点分别按照地质学的要求沿 3 个断面布设，即 BT11～BT14、BT21～BT24 和 BT31～BT34。“BT”为“BaoTa 滑坡”之意，“BT11”为“宝塔滑坡的第一个地质断面的第一个监测点”。

长江雨情在掌握滑坡体的变形性状中具有重要的作用，根据滑坡体总的特性和滑坡监测的经验，监测周期的基本原则是：

(1)对一般滑坡体，每年 5、7、9 月各观测一次；

(2)对于位移量变形反映明显的滑坡体，每年 5、6、7、8、9 月各观测一次；

(3)对于位移量变形明显呈加速度变化的滑坡体，每年 1、3、5、6、7、8、8、11 月各观测一次；

(4)对于位移量变形急剧放大的滑坡体，其观测视具体情况现场安排；

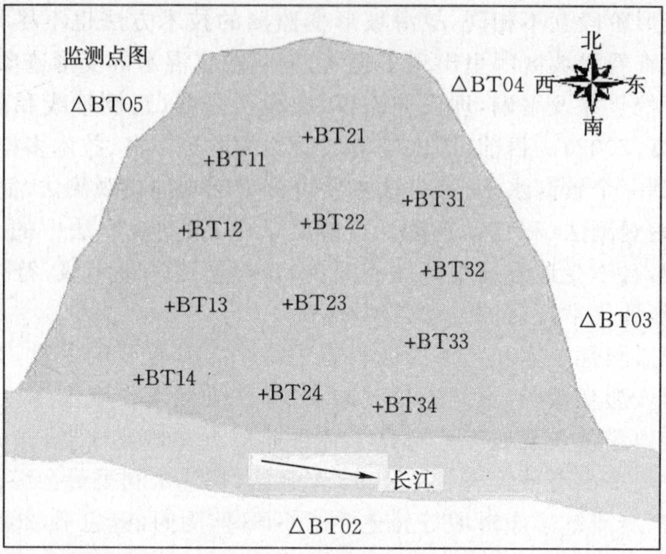

图 4-1 宝塔滑坡监测点示意图

(5)GPS 基本网每年观测一次；

(6)在特殊情况下，如发生区域性地震、水库水位急剧变化及大强度降雨等，其观测视具体情况现场安排(曾旭平，2000)。

因长江三峡滑坡灾害常常发生在雨季和长江汛期，故宝塔滑坡监测日期也多数集中在该时期的 5 月、7 月和 9 月。在宝塔滑坡的形变监测数据中，平面坐标为 GPS 接收机测得，BT04、BT05 为平面坐标起算点，高程为精密水准测得；位移量为历次观测值减首期值，即累积形变位移量；平面坐标为标心坐标，高程为标座上水准点的高程；4 个监测基准点 BT02、BT03、BT04、BT05 只有首期高程观测值。为了客观反映滑坡监测点在主滑动方向的位移量，每个 GPS 监测网二维平差采用独立坐标系，GPS 基线投影到滑坡体平均高程面上。

首期观测为 1997 年 1 月，至 2000 年 9 月共计观测 17 期。滑坡体的位移变化，都是监测点的每期观测值减首期观测值：

$$\begin{cases} d_x = x_{i+1} - x_0 \\ d_y = y_{i+1} - y_0 \\ d_h = h_{i+1} - h_0 \end{cases} \tag{4-1}$$

其中，0 表示首期观测，i 是第 i 期观测。滑坡体的位移 dx、dy、dh 分别是滑坡在 X 方向、Y 方向、H 方向的形变。因长江流向垂直于宝塔滑坡体的南北方向，故每个监测点在不同监测日期于 X 方向(南北方向)的位移，构成一个向量(dx_1，dx_2，…，dx_m)，分量值等于位移值。宝塔滑坡形变监测网的所有监测数据都具有较高的精度。这里以 2000 年的 3 期观测值为例具体说明。在平面形变位移监测中，监测点的平面点位误差的最大值、最小值分别仅为±3.4 mm、±1.0 mm，其中，5 月的 4 个点点位误差偏大，但满足限差±3.5 mm 的要求；7 月的成果点位误差分布较为均匀，均在限差的 2/3 左右；9 月的成果质量最好，均在限差的 1/3 左右。这是因为 2000 年 5 月、7 月正是太阳黑子活动的高峰期，它对监测成果的影响是显著的。在垂直位移监测中，监测点的高程点位误差的最大值、最小值分别仅为±0.59 mm、±0.12 mm。3 期观测成果质量均达到优级，其中，2000 年 5 月、9 月成果误差稍大，2000 年 7 月的成果误差最小。这些精度，基本满足了宝塔滑坡形变监测的精度要求。

宝塔滑坡的监测点，不是全域覆盖在整个滑坡体上，而是根据地质特征断面布设的典型监测点。定期监测每个典型监测点得到的每个空间监测数据，都是一个表示宝塔滑坡的形变水平的定量精确数值。而且，宝塔滑坡监测点的观测数据，相对于其数据母体而言并非完备，是不完备的样本数据。那么，如何把这些监测数据的作用从每个监测点扩展到整个滑坡体上、从样本空间扩展到母体空间呢？同时，在为决策服务的空间监测数据挖掘中，又怎样把精确的定量监测数据转化为不确定的定性决策语言？或怎样把不确定的定性决策语言转化为精确的定量监测数据？更进一步地，应该基于一个什么样的理论平台操作实现这些技术方法呢？

4.1.3　数据分析的不足

在对长江三峡宝塔滑坡稳定性的形变监测中，每个空间监测数据都是一个表示这个空间实体的形变水平的定量精确数值。表达监测精度的标准也一般是误差等定量的精确数值，最多也就是给出最大误差值、最小误差值、点位误差值等，除此之外，一般反应不出任何其他的定性信息。当根据监测数据分析滑坡稳定性时，国际上多采用力学计算法，我国强调在工程地质分析基础上的力学计算，而且采用最多的是基于确定集合论的数理统计等“硬计算”理论方法。根据这些理论方法分析得到的结果，和滑坡形变监测的原始数据一样，都基本是用定量数据表示的精确数值。

可是，人们在根据监测数据思维决策时，更偏向于使用“滑坡稳定”、“滑坡位移过大”、“滑坡可能发生”、“监测精度高”、“监测可靠”等不确定的定性语言概念，并在“整个滑坡体”、“滑坡断面”、“滑坡监测点”等不同的认识层次上往返自如，各有各的用处。在滑坡形变监测数据分析中，信息分配法（黄崇福，王家鼎，1995）仅顾及了模糊不确定性，又极大受到了模糊隶属函数的不彻底性限制。

目前，还基本没有理论方法，能够把每个定量的精确监测数据的作用，在不同的认识层次上浓缩到人们定性的决策思维中，并且在一个合适的理论平台上，实现定量计算和定性思维之间自然的自由转换。空间数据挖掘的技术，更是至今没有被引入和应用，尚为空白。

4.1.4 数据场和云模型的可用性

空间实体由许许多多的小空间实体组成，监测点一般就根据其特征设立在空间实体的典型小空间实体上。例如，宝塔滑坡在地质上由许许多多的不稳定体组成，在地表则表现为断层等各种地貌特征，监测点就根据地质特征沿其断面设立在其典型不稳定体上。由于每个监测点的位移形变都对整个宝塔滑坡产生作用，并进而影响其水平方向或垂直方向的运动形变，即每个监测点的位移数据都向整个滑坡体辐射可能导致滑坡发生的数据能量。更进一步地，概念“滑坡稳定”和概念“滑坡监测点稳定”或“滑坡监测点位移很小”也是相等的。若滑坡监测点稳定，位移很小，远小于滑坡不稳定体滑动的临界值，则监测点位移也就在滑坡稳定的允许范围内，即滑坡稳定。这实际上也是滑坡监测的基本思想。

虽然对同样的宝塔滑坡形变监测数据集，相同的人从不同的角度，或不同的人从相同的角度看，结果可能有所不同，但是根据数据场，宝塔滑坡监测的每个观测数据，都以监测点为中心，遵循就近和距离衰减的原则，独立向整个宝塔滑坡体辐射数据能量。每个监测点的位移数据，在向整个宝塔滑坡体辐射数据能量时，宝塔滑坡体实际起到了数据辐射的数域空间的作用，可以使用数据场度量其规律，基于同一个监测点的多个监测数据或多个监测点的不同监测数据，还可以生成数据辐射势场，其不同认知层次上的势心则表达了宝塔滑坡在形变监测中的宏观、中观和微观的运动模式，这种模式的具体表现就是不同认知层次上的“规则＋例外”，而“例外”可能对预防和减轻宝塔滑坡灾害具有不同寻常的意义。因此，可以利用数据场从形变监测数据中挖掘出滑坡稳定与否的知识。

而且，如果把对长江三峡宝塔滑坡在某个(些)监测点、某个(些)时期中、某个(些)方向的精确的位移形变观测值，在数域空间中的分布看作一幅云图，那么就可以根据每幅云图的滑坡监测点的形变监测数据，利用辐射拟合的逆向云发生器算法得到云的期望 Ex、熵 En 和超熵 He 三个数字特征。这三个数字特征表示了滑坡位移及其监测的整体水平。其中，期望表示监测点的预期位置(一般是监测点首期观测值的位移为 0 位置)，熵表示监测点对预期位置的离散程度(体现位移的幅度大小，最能体现滑坡的位移形变水平)，超熵表示监测水平偏离正常的程度(综合反映监测仪器、监测员的素质和监测环境等因素)。如果再遵循一定的定性规则将这三个数字特征诠释为概念语言，那么就会把滑坡监测点的位移特征、形变离散程度和监测水平等表达的更为清晰化、知识化和易于理解。

云的三个数字特征 $\{Ex, En, He\}$ 表示的概念，例如“滑坡稳定”、“监测精度高”等，是和人们的思维决策一致的定性语言，可以代表这些精确空间监测数据所反映的云滴的整体。监测数据越多，云图中的云滴数量越多，云模型反映滑坡的概念就越确切。如果在三个数字特征中，熵和超熵都等于 0，那么 $\{Ex, 0, 0\}$ 表示的概念就是一个个精确的位移观测值。同时，利用这三个反映滑坡位移及其监测的整体水平的数字特征，还可以再用正向云发生器复现出每个滑坡监测点的任意多个监测数据，即反映滑坡位移及其监测整体水平的任意多个定量值。虽然这些复现还原的监测数据的位移和原始的监测数据的位移不一定完全吻合，但是二者分布的总体趋势是一致的，即三个数字特征相同。这样，通过正向云发生器和逆向云发生器，云模型就在精确的滑坡监测数据和不确定的思维决策之间建立了定性和定量之间相互联系、相互依存、性中有量、量中有性的映射关系。

而且，在对宝塔滑坡的每期监测中，给定监测点在给定方向（X 方向、Y 方向或 H 方向）的位移，就产生一个云滴，云滴的自变量为每个监测点的空间坐标和监测日期，确定度为滑坡形变的位移量 dx，dy 或 dh 于概念“滑坡稳定”的确定程度。所以，能够在空间实体监测数据挖掘中应用云模型，从中发现该监测点在这些时期内的位移水平、位移的监测水平。此外，云模型的云滴的确定度的映射空间并非一定取为[0,1]。可以令确定度的映射空间[0,1]增大 $k(k\geqslant 0)$ 倍，即[0,k]。例如，$k=100$，则确定度的映射空间为[0,100]。k 的取值由位移值的变化范围而定，若研究一个单独监测点在不同时间序列中的位移，则变化范围为该点在这段时期内的最大位移和最小位移（0 位移）所包含的区间。若研究所有监测点在相同时间中的位移，则变化范围为所有监测点在该时间内的最大位移和最小位移（0 位移）所包含的区间。当然，位移量越小，对概念“滑坡稳定”的确定度越大。

4.1.5　基本滑坡监测数据挖掘视角

因长江流向垂直于宝塔滑坡体的南北方向，故重点研究视角三中的 X 方向（南北方向），当以视角 3 观察滑坡在南北方向的形变位移监测数据时，得到的就是每个独立的监测点、在不同的监测日期、于相同位移方向的 1 个 M 维位移向量 $(dx_1, dx_2, \cdots, dx_m)$，其基本组成分量是视角 1 的最基本原子数据，分量值等于位移值。

对宝塔滑坡形变监测数据的挖掘，知识背景是滑坡稳定性的空间监测数据，基本观察点有监测点、监测日期和形变的位移方向（简称位移方向）3 个。这 3 个基本观察点组合在一起，可以构成分析空间监测数据的全部视角，其结果就是从 3 个集合{相同监测点、不同监测点}、{相同监测日期、不同监测日期}和{相同位移方向、不同位移方向}中各取其一的组合：$C_2^1 \cdot C_2^1 \cdot C_2^1=8$，得到 8 类视角：

视角 1：同点同时同向。即相同监测点、相同监测日期和相同位移方向；

视角 2：同点同时异向。即相同监测点、相同监测日期和不同位移方向；

视角 3：同点异时同向。即相同监测点、不同监测日期和相同位移方向；

视角 4：同点异时异向。即相同监测点、不同监测日期和不同位移方向；

视角 5：异点同时同向。即不同监测点、相同监测日期和相同位移方向；

视角 6：异点同时异向。即不同监测点、相同监测日期和不同位移方向；

视角 7：异点异时同向。即不同监测点、不同监测日期和相同位移方向；

视角 8：异点异时异向。即不同监测点、不同监测日期和不同位移方向。

8 类视角之间的关系可以基于云模型表示为泛层次结构(见图 4-2)。从视角 1 到视角 8，观察距离越来越远，粒度越来越大；反之，观察距离越来越近，粒度越来越小。视角 1、2、3、4 是针对一个监测点的不同属性的不同视角，基于空间对象的属性，构成 M 维概念空间。在这个概念空间中，视角 1、2、3、4 的视野依次开阔增大；反之，则为顺次闭缩减小。而视角 5、6、7、8 则是针对多个监测点的不同特征的不同视角，基于空间对象的宏元组，构成 N 维特征空间。在这个特征空间中，视角 5、6、7、8 的视野也依次开阔增大；反之，则也为顺次闭缩减小。这反映了空间数据挖掘在发现状态空间中的微观、中观和宏观的不同层次，以及粒度上升和下钻的过程。

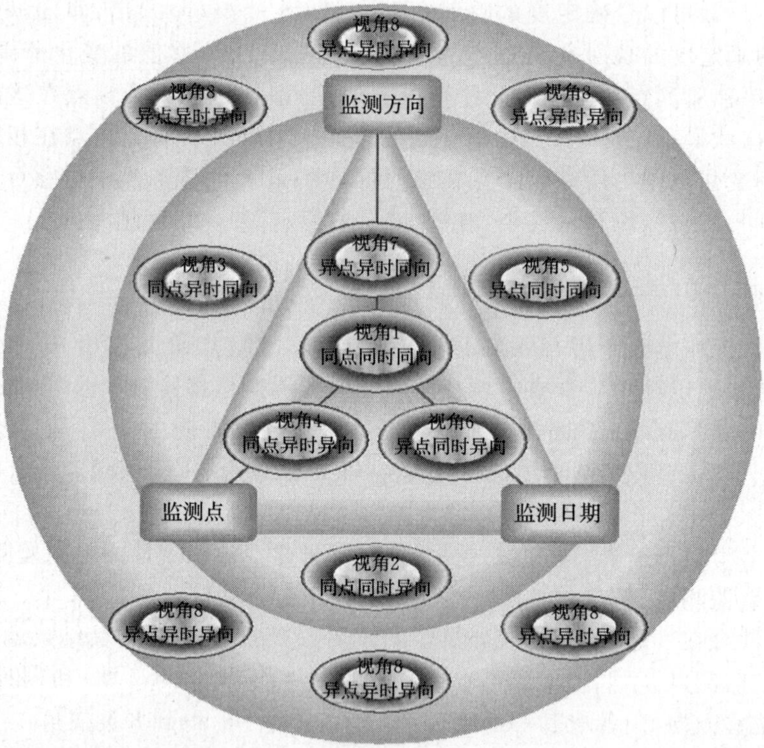

图 4-2 基于云模型的视角泛层次结构

在 8 类视角中，当视角 1 的 3 个基本观察点中有一个、两个或全部改变时，就组成了其他 7 个不同的视角，故称视角 1 为基本视角。基本视角是所有视角的最基本组成单位。当以基本视角观察宝塔滑坡形变监测数据时，得到的就是各个独立的单个监测数据，是空间数据挖掘的最基本原子数据。同时，如果把相同监测点在相同监测日期于不同的 3 个位移方向的形变 dx,dy,dh 看作一个 3 维数域空间中的形变点(dx,dy,dh)，那么当监测点和监测日期改变时，视角 2 也可以组成 3 维数域空间中的视角 4(同点异时异向)、视角 6(异点同时异向)和视角 8(异点异时异向)，故称视角 2 为基本组合视角。利用云模型和数据场[2]描述的基本视角、基本组合视角分别如表 4-1、表 4-2 所示。

为了从宝塔滑坡形变监测数据中全面地挖掘空间决策知识，直观的方法是从所有的八个视角进行数据挖掘。可是，如前所述，在基本视角(视角 1)和基本 3 维组合视角(视角 2)的视野中，都是单个孤立的空间数据，而不是大量的一堆数据，它们只是空间数据挖掘的基本单元和基本组合单元，对于滑坡监测的空间数据挖掘并没有很大的实际意义。

表 4-1　基本视角

视角一	数字特征	“T＝滑坡稳定”云	数据场
监测点：BT21 监测日期：1997.06 X 方向位移：dx	Ex＝－3 En＝0 He＝0	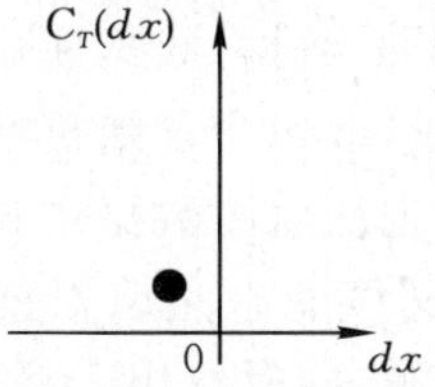	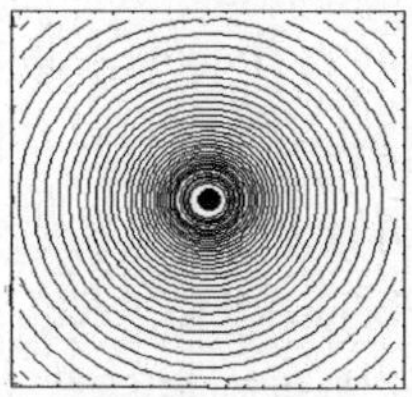

表 4-2　基本组合视角

视角二		数字特征			“T＝滑坡稳定”云	数据场
监测点：BT21 监测日期：1997.01		Ex	En	He	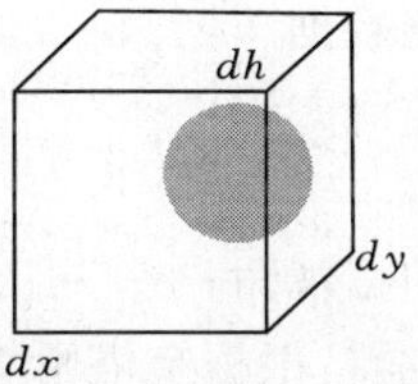	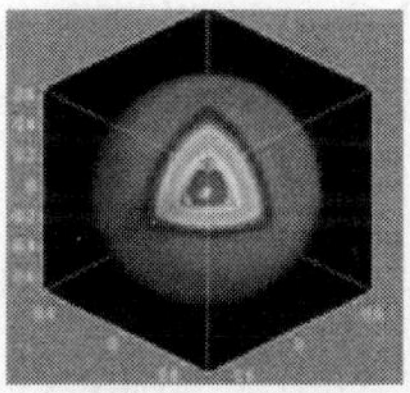
不同位移方向	dx	－3	0	0		
	dy	4	0	0		
	dh	－2	0	0		
总位移	D	4.4	0	0		

其次，8 类视角是在仅仅考虑滑坡特性和基本观察点的前提下得到的，而同一幅云图中的监测数据应该符合可比的原则。可是，在宝塔滑坡形变监测的原始数据中，平面坐标为 GPS 测得，而高程为精密水准测得，水平和垂直方向的监测数据是不同仪器观测的结果，并没有监测水平的可比性，不能放在同一幅云图中分析监测的水平。即当把水平和垂直方向的监测数据放在一起时，计算得到的数字特征之一——超熵，不能表示监测水平偏离正常的程度(综合反映监测仪器、监测员的素质和监测环境等因素)。当然，数字特征中的期望和熵还可以反映滑坡的形变程度。因此，在除去基本视角(视角 1)和基本 3 维组合视角(视角 2)后，异向的“视角

4(同点异时异向)、视角6(异点同时异向)、视角8(异点异时异向)”不能反映监测水平偏离正常的程度,即异向的视角在宝塔滑坡形变监测数据中,得不到监测水平偏离正常的程度。

这样,就只剩下“视角3(同点异时同向)、视角5(异点同时同向)、视角7(异点异时同向)”。其中,视角3为针对属性的概念空间,视角5和视角7是针对对象的特征空间。视角3重点表现一个监测点在不同监测日期,于给定方向的滑坡位移水平及其监测可靠性;视角5重点表现在一个监测日期中,所有监测点在给定方向的滑坡位移水平及其监测可靠性;视角7重点表现所有监测点在一段时期内,于给定方向的滑坡位移水平及其监测可靠性。可见,视角3、视角5分别是视角7在发现状态空间的属性方向、宏元组方向的分视角。下面将从这三个不同的角度分别研究。

4.1.6 视角挖掘算法

对比整个滑坡体的形变数据,数据库中的典型监测点的监测数据当然非常不完备。这种不完备的形成,也包含了随机性和模糊性。在空间数据挖掘中,利用云模型的逆向云发生器,首先从监测数据中挖掘得到滑坡形变规律的三个数字特征{Ex,En,He},即发现语义概念。然后根据发现的{Ex,En,He},利用正向云发生器,随机生成任意多的云滴,同时给出云滴的确定度,即在给定的观测值前提下,将滑坡虚拟观测任意多次,这实际上是把观测值中隐含的规则可视化。因此,在空间数据挖掘的理论技术(王树良,2002)中,云模型和数据场相对较适于从宝塔滑坡监测数据中挖掘知识,具体算法如下:

输入:宝塔滑坡监测数据

输出:给定视角的监测知识

算法:

(1)根据需要选择挖掘视角;

(2)利用逆向云发生器,根据宝塔滑坡监测数据,生成三个监测数字特征{Ex,En,He};

(3)按照一定的转换规则定性诠释三个数字特征;

(4)利用正向云发生器,基于三个监测数字特征,生成监测知识云。

(5)利用数据场发现例外知识;

(6)评价知识的满意程度;

(7)改变挖掘视角,重复步骤(1)~(6),直至知识足够满意。

§4.2　同点异时同向的视角挖掘

同点异时同向的视角即视角 3，具体指“相同监测点、不同监测日期和相同位移方向”的视角，重点表现一个监测点在不同监测日期，于给定位移方向的滑坡位移水平。针对的是由一个给定监测点的时间序列属性构成的 M 维概念空间，概念空间的每一维分别对应不同的监测日期。当以此视角观察这些形变监测数据时，得到的就是每个独立的监测点、在不同的监测日期、于相同位移方向的一个 M 维位移向量$(dx_1, dx_2, \cdots, dx_m)$，其基本组成分量是视角一的最基本原子数据，分量值等于位移值。在一维数域空间中，它表现为一朵由多个云滴组成的云团，表示给定监测点、在不同监测日期内、于给定方向、对概念“滑坡稳定”的总体确定水平。

4.2.1　*X* 方向的数字特征

宝塔滑坡监测点的观测数据，相对于其数据母体而言并非完备，是不完备的样本数据。由于母体数据的概率分布影响着样本数据的数据能量辐射，在一定程度上决定了通过空间数据挖掘所获知识的质量，所以应该依据观测数据，估计母体数据的概率分布，并应用于数据场和基于辐射拟合算法的逆向云发生器。

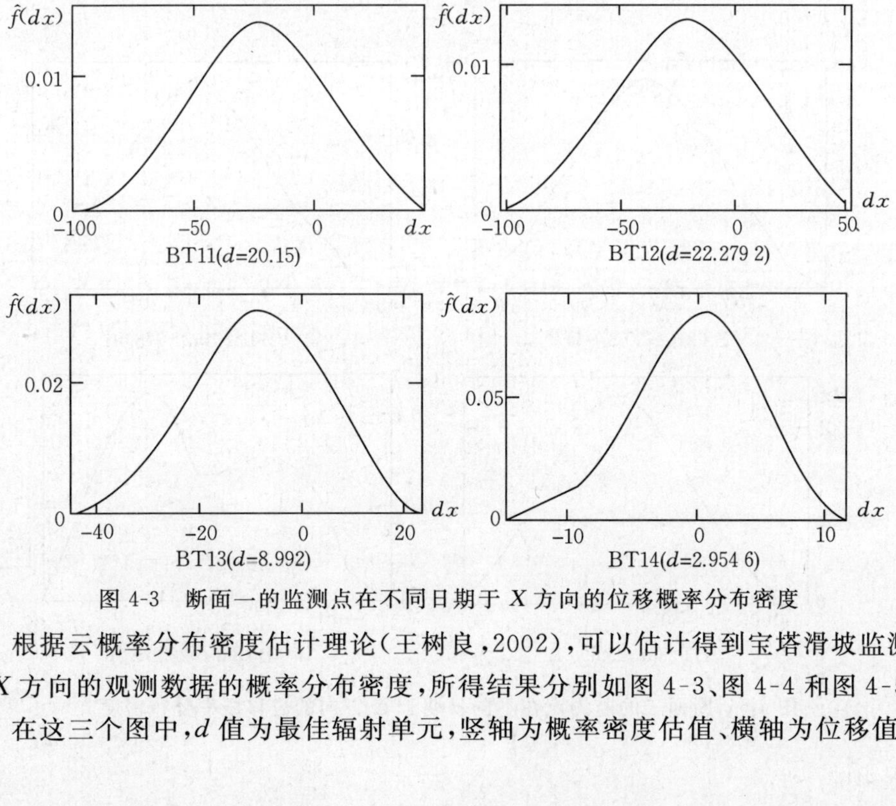

图 4-3　断面一的监测点在不同日期于 *X* 方向的位移概率分布密度

根据云概率分布密度估计理论（王树良，2002），可以估计得到宝塔滑坡监测点在 X 方向的观测数据的概率分布密度，所得结果分别如图 4-3、图 4-4 和图 4-5 所示。在这三个图中，d 值为最佳辐射单元，竖轴为概率密度估值、横轴为位移值，在后续的概率分布密度图，若不作特别说明，则均如此。

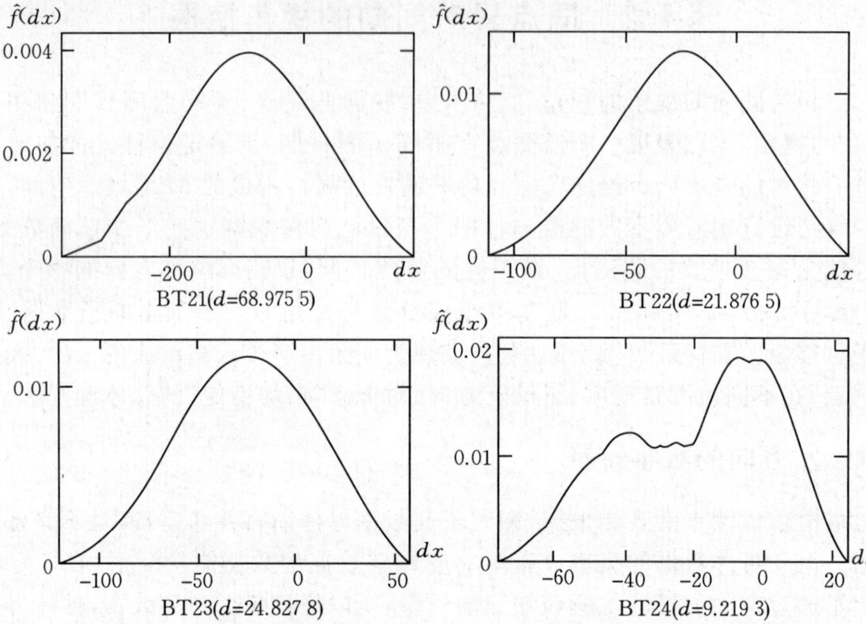

图 4-4 断面二的监测点在不同日期于 X 方向的位移概率分布密度

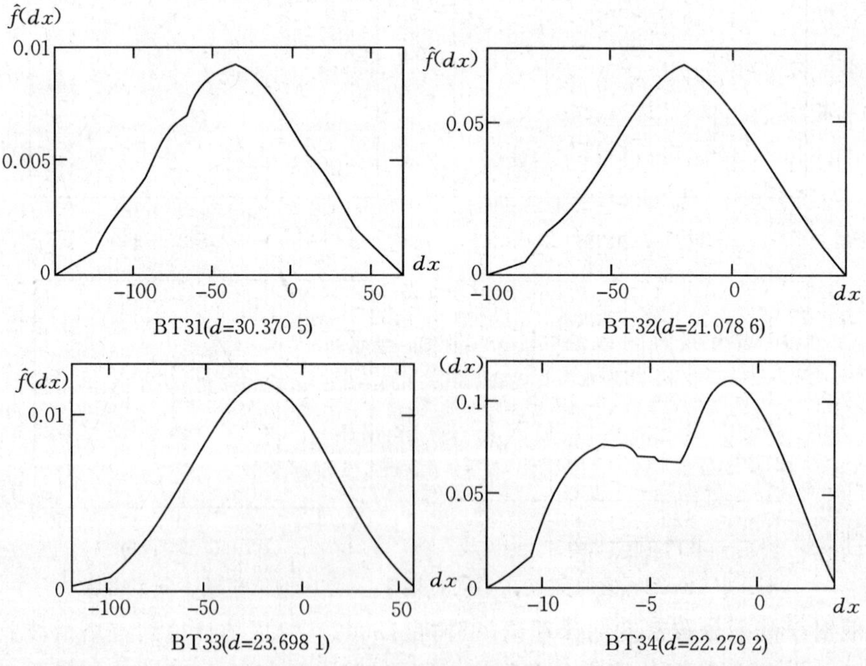

图 4-5 断面三的监测点在不同日期于 X 方向的位移概率分布密度

对滑坡监测的结果，人们一般使用定性概念对此思维决策，这个定性概念可用云模型的三个数字特征表示。利用云模型的辐射拟合逆向云发生器算法（王树良，2002），求得的所有断面的监测点在不同日期于 X 方向的位移值的三个数字特征值，如表 4-3 所示。

在表 4-3 中，三个数字特征描述的是定性语言概念的基本特征，能够代表精确空间监测数据所反映的滑坡位移及其监测的整体水平。滑坡监测点的预期期望一般是监测点的首期初始观测位置，位移为 0。这个预期期望常常和监测点的监测值期望并不相等，二者之差，就反映了监测点的整体平均位移。同时，熵最能体现滑坡的位移形变水平，表示了监测点对预期位置的离散程度，超熵则综合反映监测仪器、监测员的素质和监测环境等因素对监测水平的影响程度。

表 4-3　监测点在不同监测日期的 *dx* 数字特征

数字特征	BT11	BT12	BT13	BT14	BT21	BT22	BT23	BT24	BT31	BT32	BT33	BT34
Ex/mm	−25.0	−22.1	−9.3	−0.3	−92.8	−212.0	−26.5	−20.5	−40.3	−22.9	−25.0	−20.9
En/mm	18.1	19.4	8.8	3.7	66.4	20.8	21.6	20.2	28.4	18.7	22.2	20.7
He/mm	19.0	41.7	8.0	6.7	145.8	21.1	53.0	212.4	92.2	38.2	26.4	32.8

4.2.2　数字特征的定性诠释

如果认为这些数字特征表示的滑坡监测点位移水平还不令人满意，那么可以根据滑坡监测的特点和需要，基于云模型的基本思想，按照一定的转换规则把三个数字特征诠释为三个定性概念。表 4-4 为在长江水利委员会综合勘测局的思维决策基础上，根据宝塔滑坡形变的特点，总结并扩展给出的一种定性诠释规则。

表 4-4　三个数字特征的一种定性诠释规则

数值/mm	0～9	9～18	18～27	27～36	36～45	＞60
位移概念	较小	小	大	较大	很大	非常大
离散概念	较低	低	高	较高	很高	非常高
监测概念	较稳定	稳定	不稳定	较不稳定	很不稳定	非常不稳定

因考虑应用的一般性，故表 4-4 中的规则没有方向性，可以根据不同的应用环境赋予不同的方向，例如此处的 X 方向的正方向为北方，负方向为南方。基于表 4-4 的诠释规则，可以得到与表 4-3 中的数字特征值相对应的所有定性概念，如表 4-5 所示。这样，通过定性诠释规则的转换，云模型的三个数字特征就变成了富有灵气的定性概念语言。例如，断面二的监测点 BT21 表示“向 X 负方向（南方向）位移非常大，滑坡形变的离散度非常高，监测水平非常不稳定”。

表 4-5 监测点在不同监测日期的 *dx* 数字特征及其定性诠释

数字特征	BT11	BT12	BT13	BT14	BT21	BT22	BT23	BT24	BT31	BT32	BT33	BT34
Ex/mm	−25	−22.1	−9.3	−0.3	−92.8	−27	−26.5	−20.5	−40.3	−22.9	−25	−20.9
位移水平	向南大	向南大	向南小	向南较小	向南非常大	向南较大	向南大	向南大	向南很大	向南大	向南大	向南大
En/mm	18.1	19.4	8.8	3.7	66.4	20.8	21.6	20.2	28.4	18.7	22.2	20.7
形变离散	高	高	较低	较低	非常高	高	高	高	较高	低	高	高
He/mm	19	41.7	8	6.7	145.8	21.1	53	212.4	92.2	38.2	26.4	32.8
监测水平	不稳定	很不稳定	较稳定	较稳定	非常不稳定	不稳定	很不稳定	较不稳定	非常不稳定	较不稳定	很不稳定	较不稳定

综合图 4-3、图 4-4、图 4-5 和表 4-5 可以看出，所有监测点都基本向 X 负方向（南方向）发生了大小不一的位移。其中，①位移幅度非常大、位移之间离散程度非常高、监测水平也非常不稳定的，是断面二的监测点 BT21，断面三的监测点 BT31 次之；②位移幅度较小、位移之间的离散程度较低、监测水平也较稳定的，是断面一的监测点 BT14；③监测点之间位移变化的范围为：断面二 ＞ 断面三 ＞ 断面一；④除去监测点 BT14、BT21、BT31，3 个断面的监测点的位移监测水平基本相似。相对于位移绝对值的伪分布图，云模型的 3 个数字特征还保留了位移的方向。

4.2.3 *Y*、*H* 方向的数字特征

与 X 方向同理，还可以得到宝塔滑坡的所有监测点在不同监测日期于 Y 方向、H 方向的位移形变 dy、dh 的位移概率分布密度估计、总体数字特征及其定性诠释。Y 方向的结果如图 4-6、图 4-7、图 4-8 和表 4-6 所示；H 方向的结果如图 4-9、图 4-10、图 4-11 和表 4-7 所示。

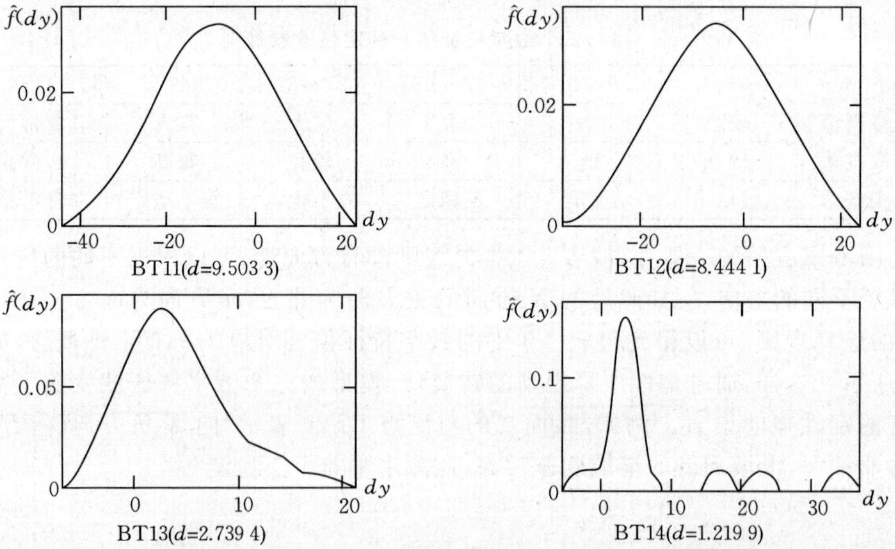

图 4-6 断面一的监测点在不同日期于 Y 方向的位移概率分布密度

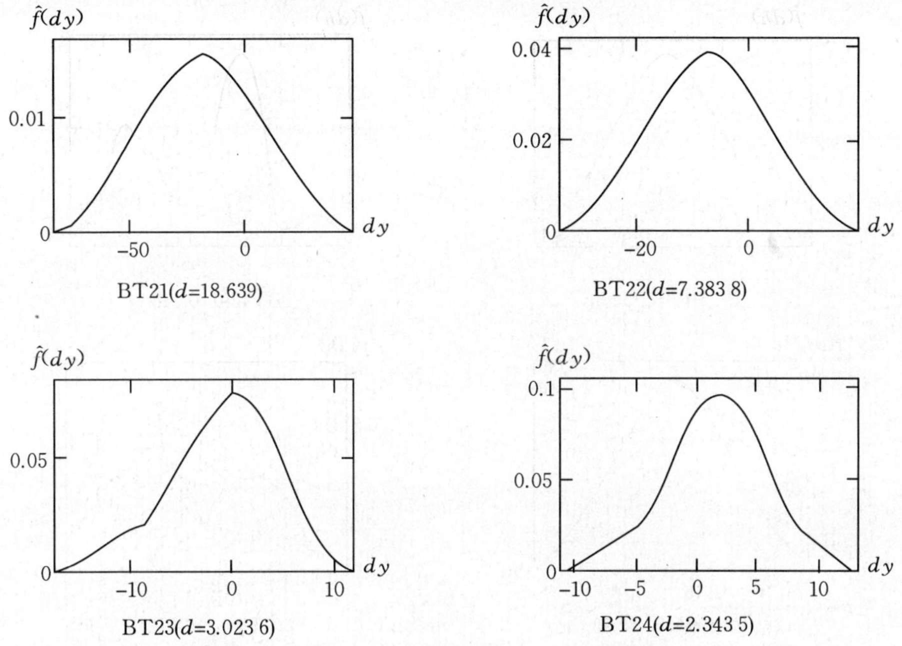

图 4-7　断面二的监测点在不同日期于 Y 方向的位移概率分布密度

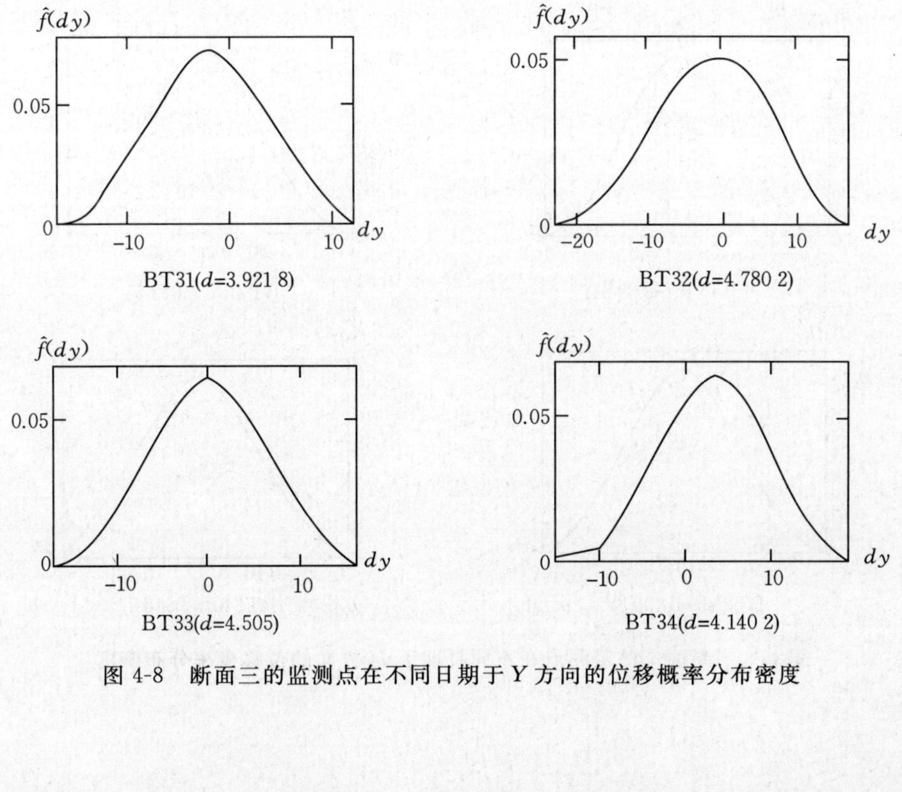

图 4-8　断面三的监测点在不同日期于 Y 方向的位移概率分布密度

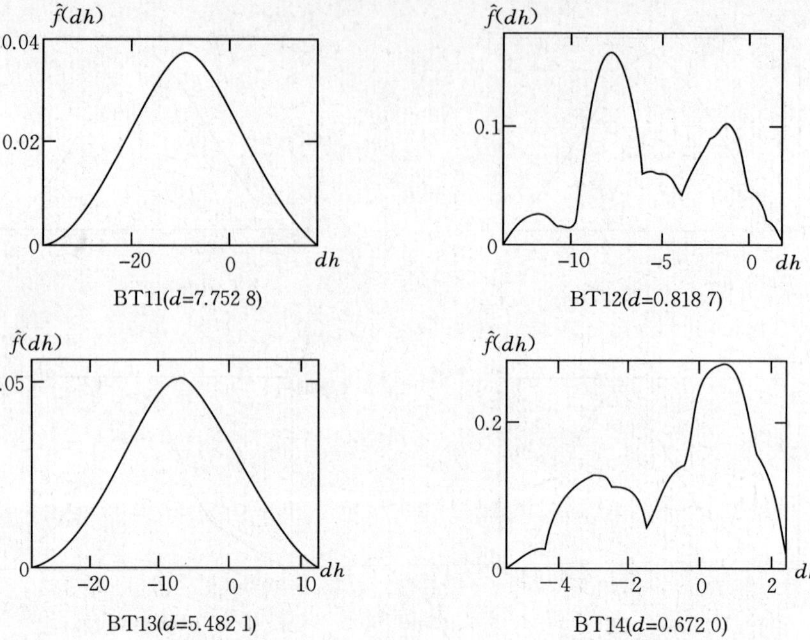

图 4-9 断面一的监测点在不同日期于 H 方向的位移概率分布密度

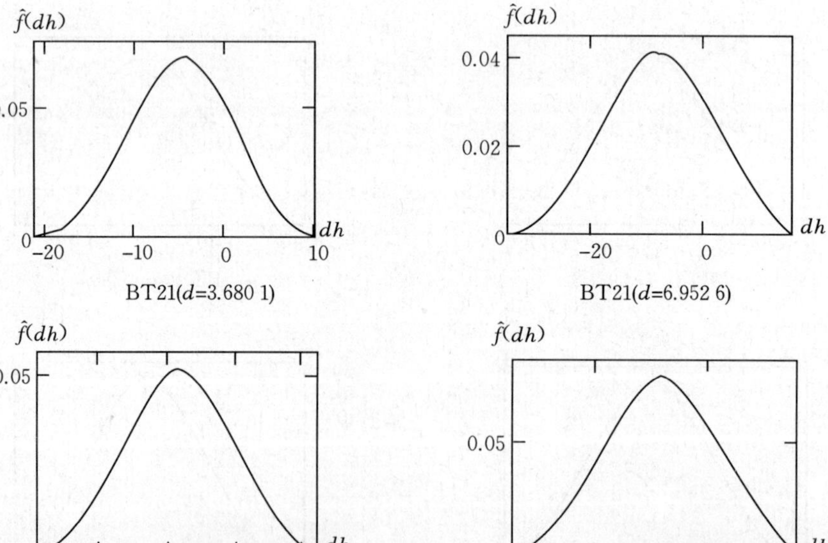

图 4-10 断面二的监测点在不同日期于 H 方向的位移概率分布密度

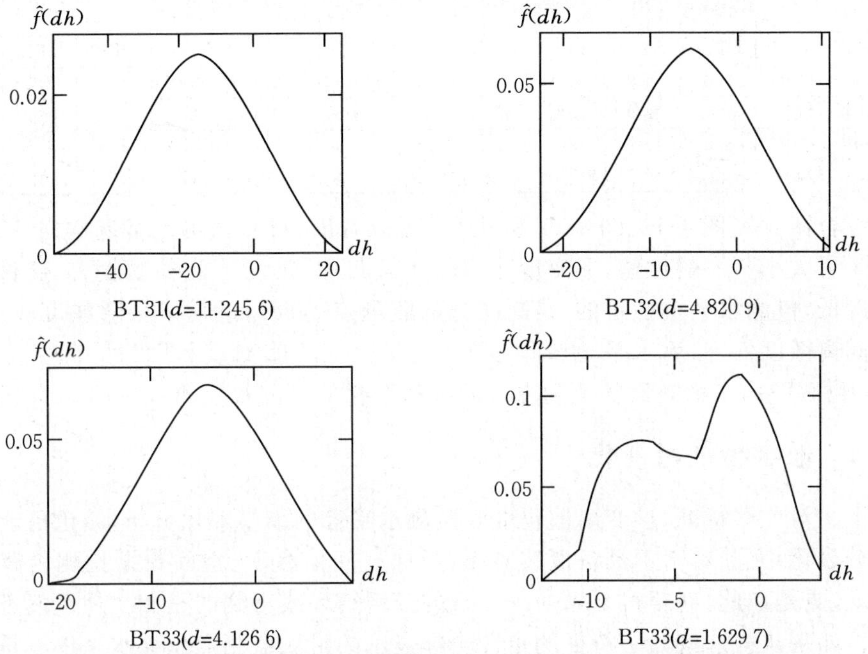

图 4-11　断面三的监测点在不同日期于 H 方向的位移概率分布密度

表 4-6　监测点在不同监测日期的 dy 数字特征及其定性诠释

数字特征	BT11	BT12	BT13	BT14	BT21	BT22	BT23	BT24	BT31	BT32	BT33	BT34
Ex/mm	−9.0	−6.0	4.3	6.9	−19.8	−12.5	−1.3	1.6	−2.1	−1.8	−0.1	3.3
位移水平	向西较小	向西较小	向东较小	向东较小	向西大	向西较小	向西较小	向东较小	向西较小	向西较小	向西较小	向东较小
En/mm	8.5	12.5	4.4	9.7	16.2	6.5	4.7	3.7	3.8	5.8	4.4	4.4
形变离散	较低	较低	较低	低	低	较低	较低	较低	较低	较低	较低	较低
He/mm	11.4	3.0	2.1	4.4	29.7	5.1	4.2	5.8	3.1	6.6	4.7	4.4
监测水平	稳定	较稳定	较稳定	较稳定	较不稳定	较稳定	较稳定	较稳定	较稳定	较稳定	较稳定	较稳定

综合图 4-6、图 4-7、图 4-8 和表 4-6 可以看出，所有监测点在 Y 的正负方向都基本发生了大小不一的位移。其中，① 向西位移幅度大、位移之间离散程度低、监测水平也较不稳定的，是断面二的监测点 BT21；②向西位移幅度较小、位移之间离散程度较低、监测水平也较稳定的，是断面三的监测点 BT33；③除去监测点 BT21，三个断面的监测点之间位移变化的范围和位移监测水平都基本相似。

表 4-7　监测点在不同监测日期的 dh 数字特征及其定性诠释

数字特征	BT11	BT12	BT13	BT14	BT21	BT22	BT23	BT24	BT31	BT32	BT33	BT34
Ex/mm	−10.1	−5.8	−8.0	−0.6	−5.1	−8.8	−8.9	−4.2	−12.9	−5.9	−4.9	−3.9
位移水平	向下小	向下较小	向下较小	向下较小	向下较小	向下较小	向下较小	向下较小	向下大	向下较小	向下较小	向下较小

续表

数字特征	BT11	BT12	BT13	BT14	BT21	BT22	BT23	BT24	BT31	BT32	BT33	BT34
En/mm	6.7	3.4	4.9	1.8	4.1	5.9	4.9	3.1	9.8	4.1	3.6	3.4
形变离散	较低	较低	较低	较低	较低	较低	较低	较低	低	较低	较低	较低
He/mm	6.7	3.5	11.1	0.4	2.1	12.8	3.3	5.0	11.0	4.5	4.3	3.8
监测水平	较稳定	较稳定	稳定	较稳定	较稳定	较稳定	较稳定	较稳定	稳定	较稳定	较稳定	较稳定

综合图 4-9、图 4-10、图 4-11 和表 4-7 可以看出，所有监测点都基本向 H 负方向发生了大小不一的位移，形变量普遍较小。其中，①向下位移幅度大、位移之间离散度低、监测水平也稳定的，是断面三的监测点 BT31；②向下位移幅度较小、位移之间离散度低、监测水平也较稳定的，是断面一的监测点 BT14；③除去监测点 BT14 和 BT31，三个断面的监测点之间位移变化的范围和监测水平都基本相似。

4.2.4 数字特征可视化

上述对位移特征、形变离散程度和监测水平等的纵横对比分析，结论可能还不是十分显化，尤其对于不具备滑坡监测、地球空间信息学、空间数据挖掘等背景知识的人，更是如此，甚至得不到如此丰富的分析结果或得到的是和上述截然不同的结论。如果认为这些数字特征的定性诠释表示的滑坡监测点位移水平还不是十分直观，那么可以根据滑坡监测的特点和需要，按照云模型的正向云发生器生成一定数量的云滴，组成代表这些数字特征的云团，即数字特征可视化。

滑坡形变的空间监测数据越多，云图中的云滴数量越多，反映滑坡的概念就越确切，而且空间数据挖掘面对的也常常是巨量空间数据。可是，每期滑坡监测都要耗费大量的人力、物力和财力，每期都对组成滑坡体的所有的点进行全面的监测是不现实的，要求增加滑坡灾害发生的临界监测数据就更加根本不可能。因为根据已有的滑坡监测数据，使用基于辐射拟合算法的逆向云发生器得到的三个数字特征，反映了滑坡位移形变在给定条件下的变形位置、变形大小、变形概率等整体水平，所以根据这三个数字特征利用正向云发生器，计算还原得到的任意多个云滴组成的云团也肯定是这个整体水平的体现。虽然这任意多个还原云滴和原始云滴并非完全相同，但是二者的整体空间分布水平是一致的，这实际上相当于在给定条件下，对滑坡监测了任意多期。也就是说，每期滑坡监测的有限个监测点的原始监测数据，通过逆向云发生器得到三个数字特征后，可以利用正向云发生器，再把这些有限的原始监测数据对滑坡体的作用或影响，辐射还原到任意多个滑坡体上的点，从而增大点密度，达到向整个滑坡体监测的水平有限逼近的目的。这实际上是把原有的滑坡监测数据所具有的整体规律按比例放大了。如果滑坡监测的数据量很少，不能满足空间数据挖掘的要求，那么还可以使用这种方法，利用逆向云发生器和正向云发生器补充数据量，补充后的监测数据为还原监测数据和已有原始监测数据的总和。所以，利用正向云发生器算法，基于“3En 规则”，可以根据表 4-5、表

4-6和表4-7分别生成任意多个云滴，使云图的可视化更为显著。

图4-12、图4-13和图4-14分别为根据表4-5、表4-6和表4-7中的数字特征对应生成的30 000个云滴的云图。其中，"+"所示为监测点在宝塔滑坡体上的空间初始位置，云图的颜色变化反映了滑坡监测云滴对三个数字特征代表的概念"滑坡稳定"的确定度的变化，其大小则体现了滑坡形变及其观测的发散范围和程度。

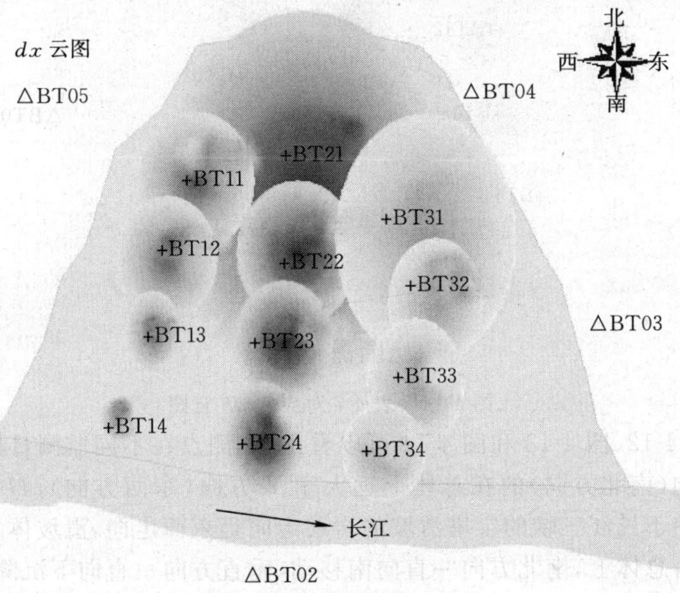

图4-12　表4-5对应的 dx 云图

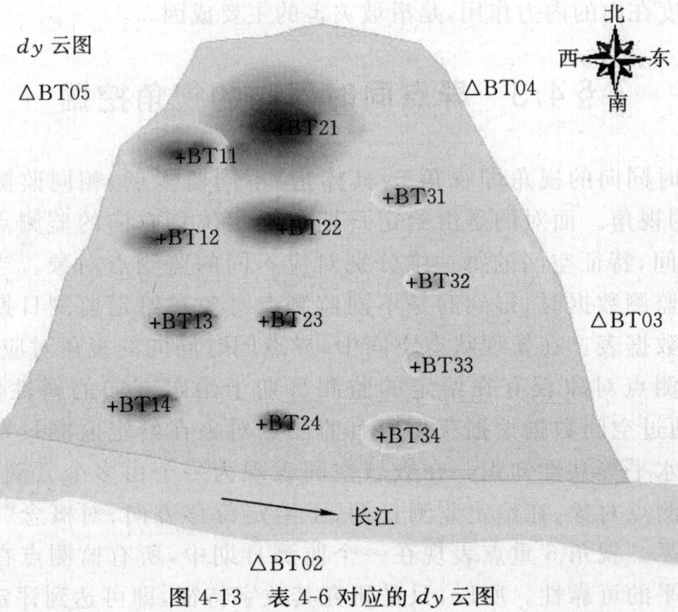

图4-13　表4-6对应的 dy 云图

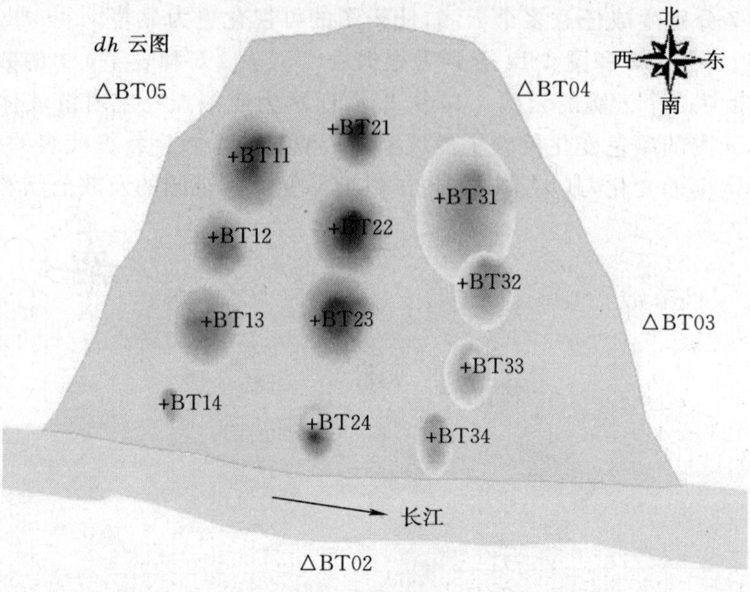

图 4-14 表 4-7 对应的 *dh* 云图

对比图 4-12、图 4-13 和图 4-14 可以看出，监测点在不同监测日期的形变位移特征，*X* 方向（南北方向）的在总体上远大于 *Y* 方向（东西方向）、*H* 方向（垂直方向）。原因在于长江三峡的宝塔滑坡的岩层走向是东西走向，滑坡体主要在南北向移动。而且，总体上，南北方向一直向南移动、垂直方向一直向下沉降，东西方向的位移没有一致性，东西波动。这些监测数据再次验证了包括滑坡体的物质性质、地质构造和坡度在内的内力作用，是滑坡灾害的主要成因。

§4.3 异点同时同向的视角挖掘

异点同时同向的视角即视角 5，具体指“不同监测点、相同监测日期和相同位移方向”的视角。面对的是由给定日期和给定位移方向的监测点对象构成的 *N* 维特征空间，特征空间的每一维分别对应不同的监测点对象。当以此视角观察这些形变监测数据时，得到的是不同监测点对象在给定监测日期于给定位移方向的二维数据表。在发现状态空间中，异点同时同向的视角对应宏元组方向，可是每个监测点对象仅有在给定的监测日期于给定方向的属性值（位移形变值）。可以通过空间数据挖掘获得所有监测点对象在给定监测日期于给定位移方向的监测水平等共性知识。在数域空间表现为一个由多个云滴组成的云团，表示所有监测点对象、在给定监测日期、于给定位移方向、对概念“滑坡稳定”的总体确定水平。视角 5 重点表现在一个监测日期中，所有监测点在给定位移方向的监测水平的可靠性。所以，只是研究其数字特征，即可达到评定监测水平的目的。

4.3.1　滑坡变形概率分布密度辐射估计

基于视角 5，根据数据场，可以分别计算得到宝塔滑坡的不同监测点在每一时期的监测数据的概率分布密度估计，这里以年为单位计算。在 1997 年、1998 年、1999 年、2000 年，宝塔滑坡监测点位移形变的概率分布密度估计：在 X 方向分别如图 4-15、图 4-16、图 4-17 所示；在 Y 方向分别如图 4-18、图 4-19、图 4-20 所示；在 H 方向分别如图 4-21、图 4-22、图 4-23 所示。

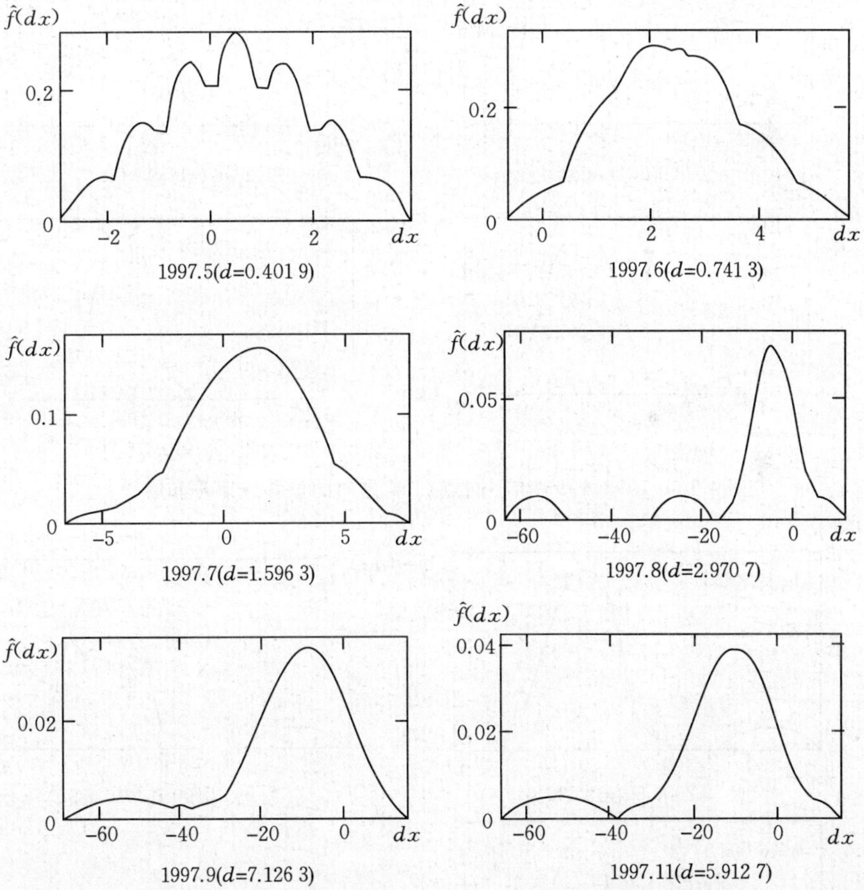

图 4-15　1997 年不同点在 X 方向的位移概率分布密度

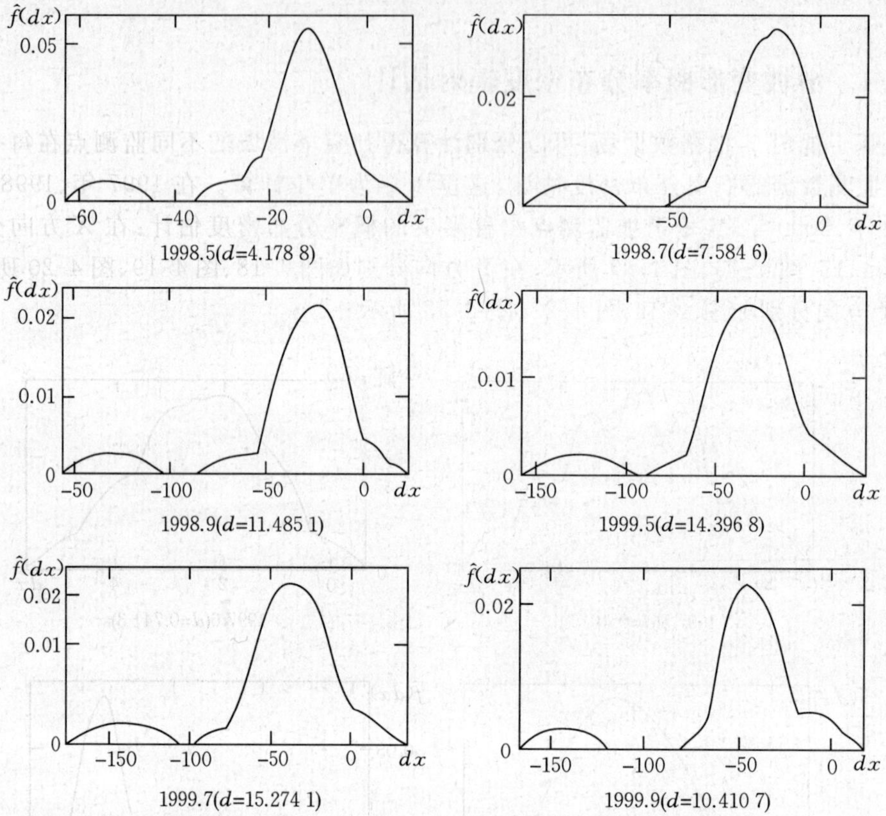

图 4-16 1998、1999 年不同点在 X 方向的位移概率分布密度

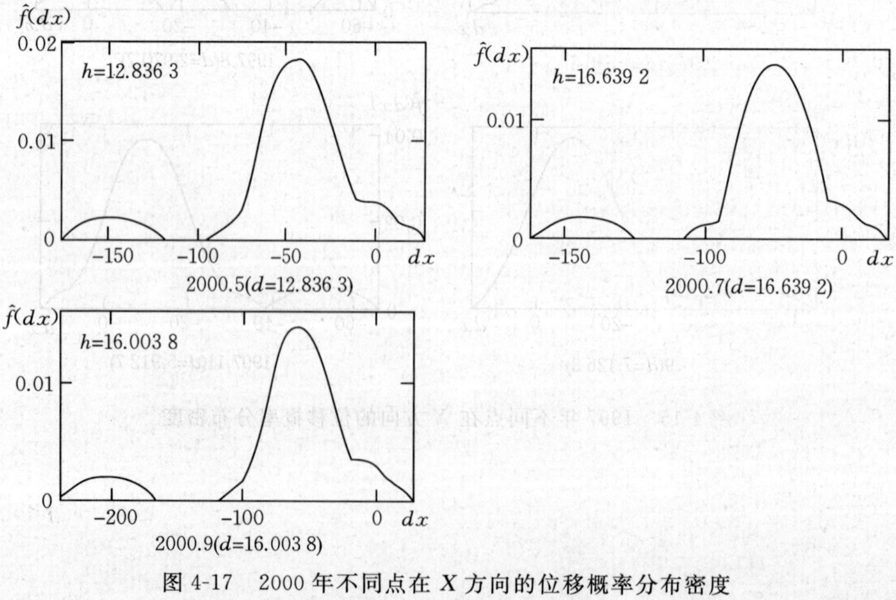

图 4-17 2000 年不同点在 X 方向的位移概率分布密度

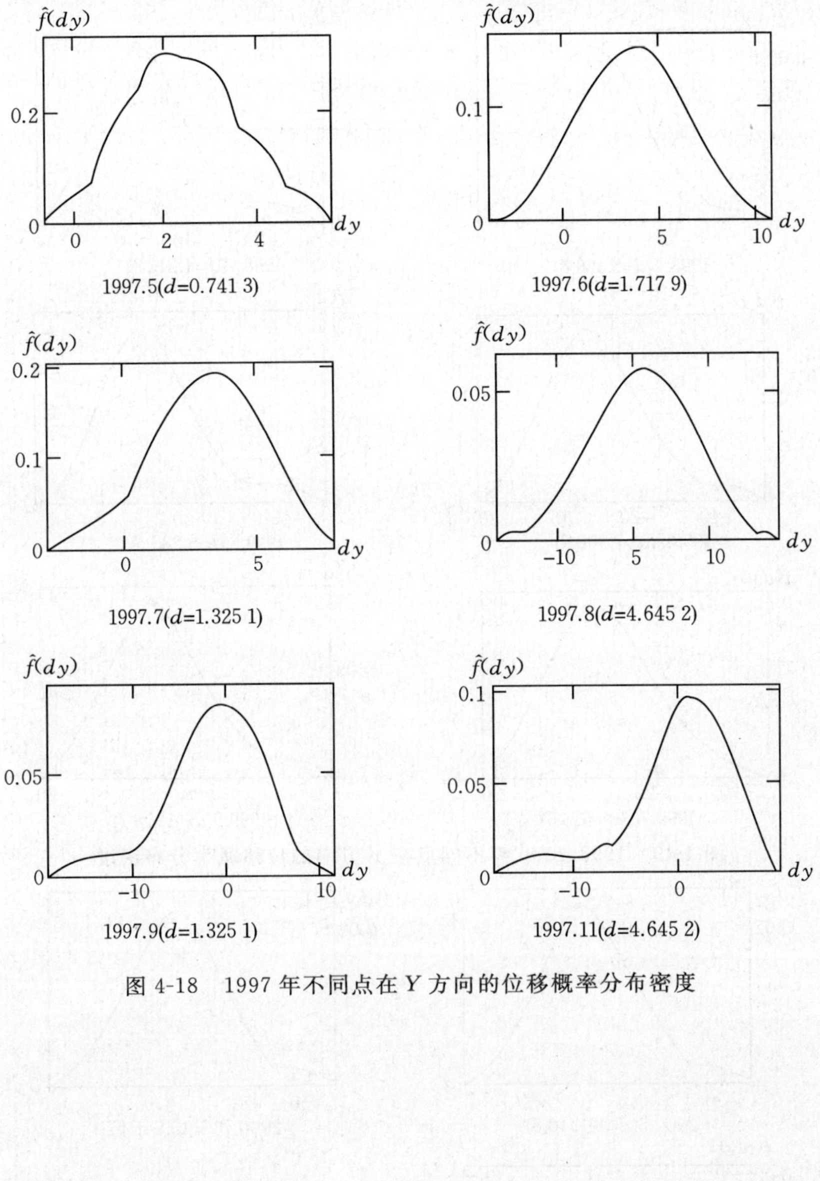

图 4-18　1997 年不同点在 Y 方向的位移概率分布密度

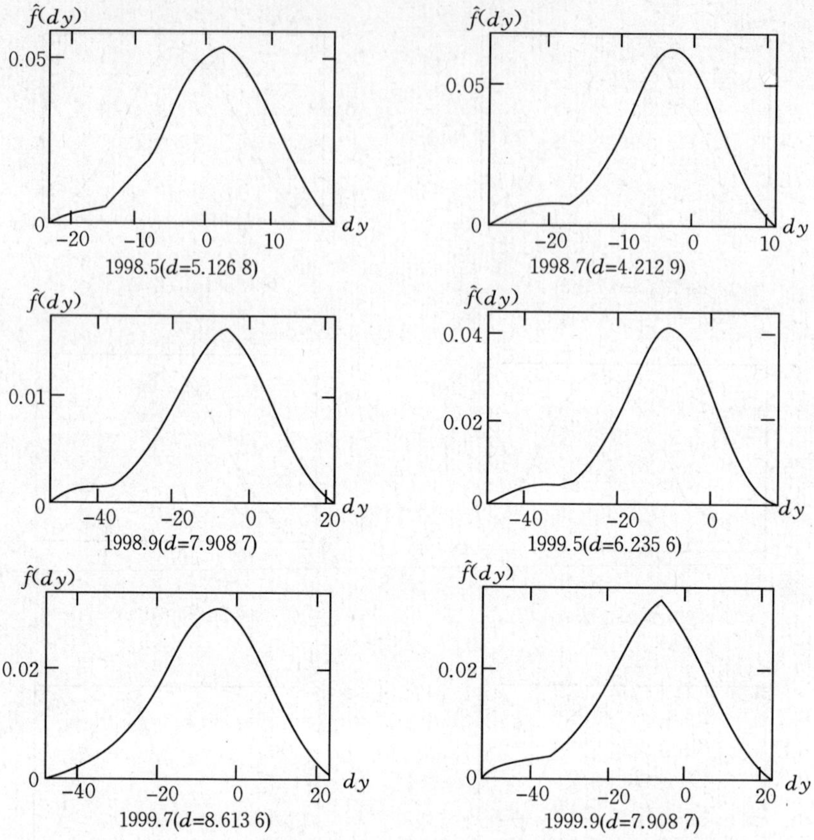

图 4-19　1998、1999 年不同点在 Y 方向的位移概率分布密度

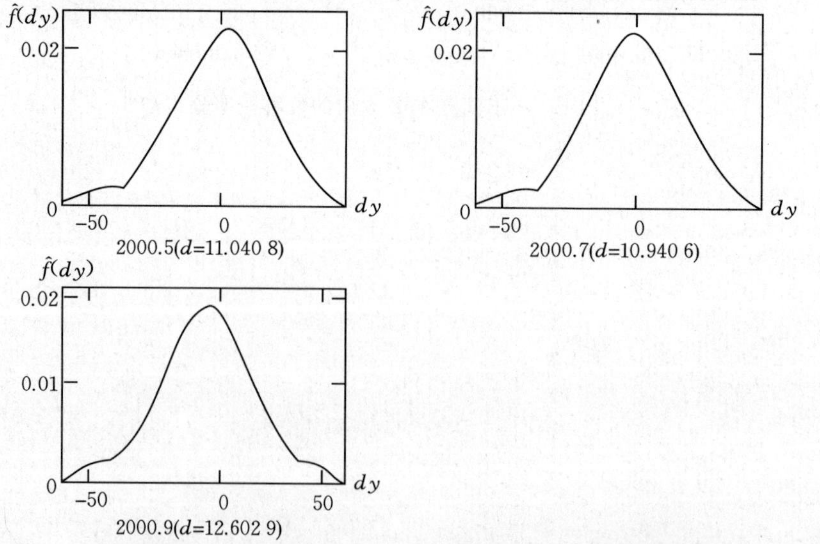

图 4-20　2000 年不同点在 Y 方向的位移概率分布密度

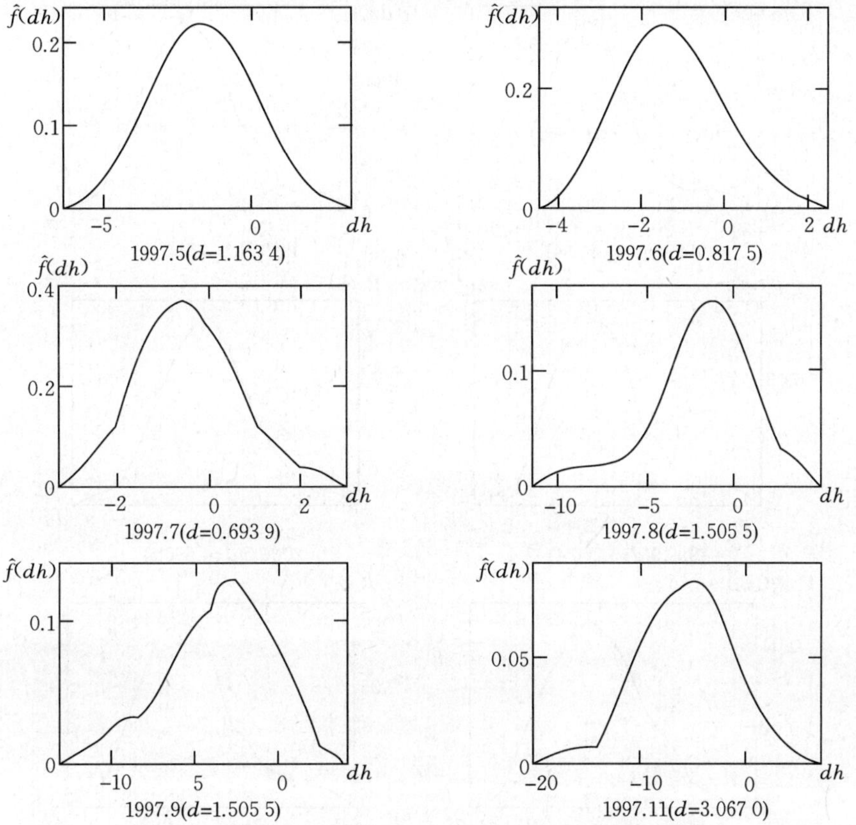

图 4-21　1997 年不同点在 H 方向的位移概率分布密度

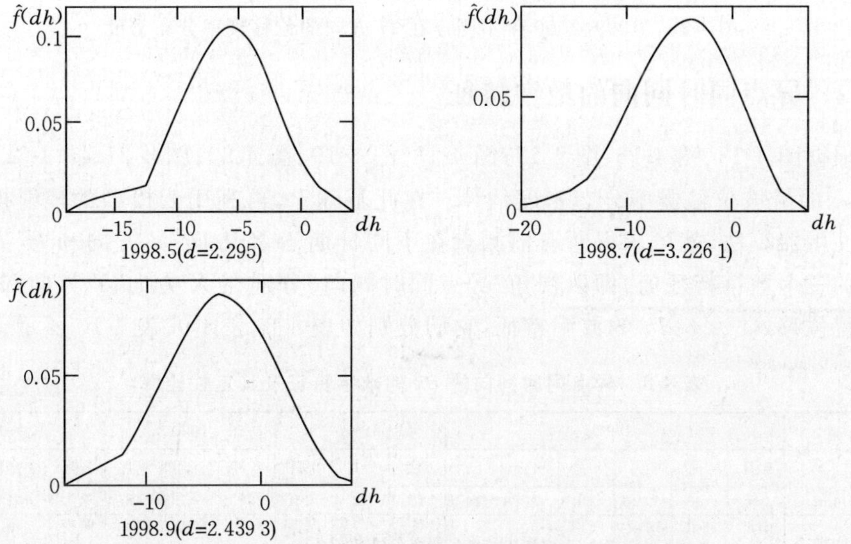

图 4-22　1998 年不同点在 H 方向的位移概率分布密度

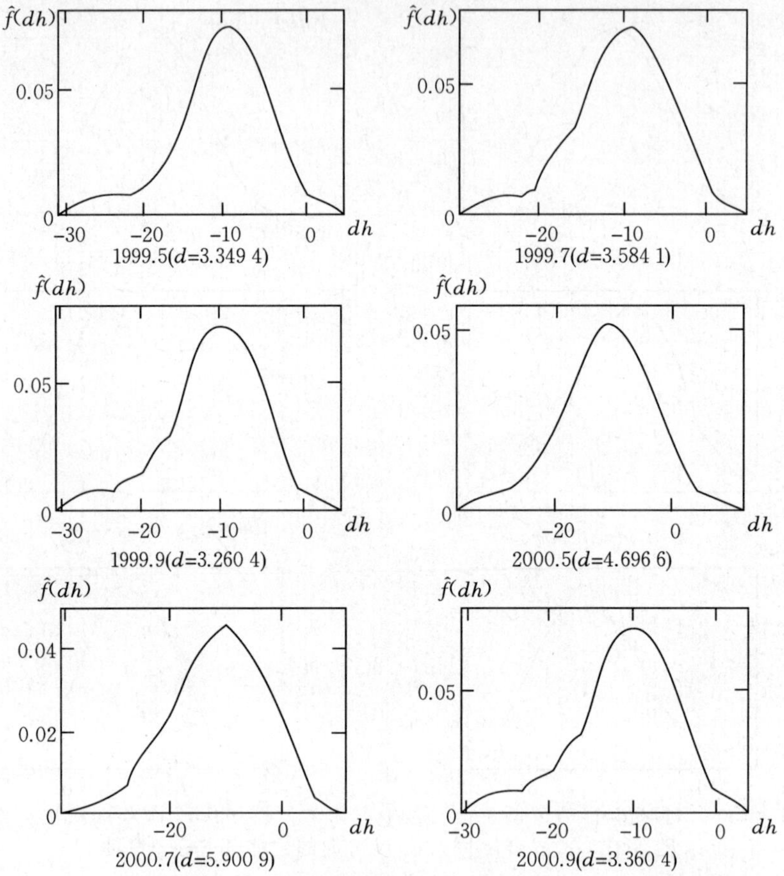

图 4-23　1999、2000 年不同点在 H 方向的位移概率分布密度

4.3.2　异点同时同向的数字特征

根据图 4-15、图 4-16、图 4-17；图 4-18、图 4-19、图 4-20；图 4-21、图 4-22、图 4-23 所示的滑坡位移概率分布密度估计。在此基础上，再利用云模型的辐射拟合逆向云发生器算法，就可求得所有监测点在不同日期于 X 方向、Y 方向和 H 方向的位移的三个数字特征值，即以视角“异点同时同向”分别在 X 方向、Y 方向和 H 方向获得位移 dx、dy、dh 的数字特征，它们分别如表 4-8、表 4-9、表 4-10 所示。

表 4-8　异点同时同向的 dx 的数字特征及其定性诠释

数字特征 \ 时间段	1997						1998			1999			2000		
	5 月	6 月	7 月	8 月	9 月	11 月	5 月	7 月	9 月	5 月	7 月	9 月	5 月	7 月	9 月
Ex/mm	0.5	1.0	−0.1	−10.1	−13.4	−14.3	−16.1	−22.4	−36.0	−38.3	−43.3	−48.4	−49.8	−52.9	−65.5
位移水平	向北较小	向北较小	向南较小	向南较小	向南小	向南小	向南小	向南大	向南较大	向南很大	向南很大	向南很大	向南很大	向南很大	向南非常大

续表

数字特征＼时间段	1997						1998			1999			2000		
	5月	6月	7月	8月	9月	11月	5月	7月	9月	5月	7月	9月	5月	7月	9月
En/mm	1.4	1.9	4.0	16.4	14.5	14.0	13.5	20.1	32.4	31.6	35.1	32.9	35.3	44.6	412.7
形变离散	较低	较低	较低	低	低	低	低	高	较高	较高	较高	较高	较高	很高	很高
He/mm	0.7	1.4	3.0	5.9	19.8	6.0	4.8	9.6	14.6	18.7	20.0	19.1	19.0	21.5	212.5
监测水平	较稳定	较稳定	较稳定	较稳定	不稳定	较稳定	较稳定	稳定	稳定	不稳定	不稳定	不稳定	不稳定	不稳定	较不稳定

从表 4-8 中可以看出，在监测开始时的短暂两期(1997 年 5 月和 6 月)内，滑坡体向北发生了微小位移，但从第三期监测开始后，滑坡体一直向南移动，并以越来越快的速度递增移动，至 2000 年 9 月，位移值已经高达 65.5 mm。同时，位移也越来越离散，监测水平也越来越不稳定，而且变化趋势较为明显，前者从较低变为很高，后者从较稳定变为很不稳定。

表 4-9　异点同时同向的 *dy* 的数字特征及其定性诠释

数字特征＼时间段	1997						1998			1999			2000		
	5月	6月	7月	8月	9月	11月	5月	7月	9月	5月	7月	9月	5月	7月	9月
Ex/mm	2.4	2.8	3.2	1.1	−1.7	−0.1	1.2	−4.4	−6.8	−11.3	−12.3	−9.1	−0.8	−4.5	−4.2
位移水平	向东较小	向东较小	向东较小	向东较小	向西较小	向西较小	向东较小	向西较小	向西较小	向西小	向西较小	向西小	向西较小	向西较小	向西较小
En/mm	1.0	1.9	1.6	4.8	4.6	4.5	5.7	5.7	8.9	9.0	9.8	11.0	12.0	14.5	19.1
形变离散	较低	较低	较低	较低	较低	较低	较低	较低	较低	低	低	低	低	低	高
He/mm	0.2	0.7	0.5	2.5	1.8	3.3	3.4	5.1	9.2	5.4	18.0	10.9	8.9	9.0	5.4
监测水平	较稳定	较稳定	较稳定	较稳定	较稳定	较稳定	较稳定	较稳定	稳定	较稳定	稳定	稳定	稳定	稳定	较稳定

在表 4-9 中，在监测初期的相当一段时间(整个 1997 年和 1998 年初)内，滑坡体基本向东移动，后来又转向西移动，移动的速度较为缓慢，达到一个小峰值后，再次呈递减的趋势向南移动。同时，位移的离散水平不是很明显地越来越离散，很长时间内保持“较低”状态，只是在监测末期达到“高”的离散程度，监测水平基本较为稳定。

表 4-10　异点同时同向的 *dh* 的数字特征及其定性诠释

数字特征＼时间段	1997						1998			1999			2000		
	5月	6月	7月	8月	9月	11月	5月	7月	9月	5月	7月	9月	5月	7月	9月
Ex/mm	−1.7	−1.3	−0.5	−1.8	−3.6	−5.8	−6.2	−5.0	−12.5	−10.5	−10.2	−11.1	−11.5	−11.7	−14.3
位移水平	下沉较小	下沉较小	下沉较小	下沉较小	下沉较小	下沉较小	下沉较小	下沉较小	下沉较小	下沉小	下沉小	下沉小	下沉小	下沉小	下沉小
En/mm	1.3	1.0	0.9	2.5	3.0	3.5	3.3	3.6	5.4	5.3	4.9	5.2	12.0	6.6	12.2
形变离散	较低	较低	较低	较低	较低	较低	较低	较低	较低	较低	较低	较低	较低	较低	较低
He/mm	0.6	0.6	0.3	2.5	1.7	1.8	1.7	1.6	3.4	1.4	1.6	1.4	2.3	3.4	2.2
监测水平	较稳定	较稳定	较稳定	较稳定	较稳定	较稳定	较稳定	较稳定	较稳定	较稳定	较稳定	较稳定	稳较稳定	较稳定	较稳定

表 4-10 的结果显示，滑坡体一直向下加速沉降，但增加的幅度较小。位移的离散水平和监测水平虽有增长但幅度很小，基本保持较低、较稳定状态。总体而

言，滑坡体在向南微偏西变速移动的过程中，伴随向下变速沉降，揭示出该滑坡体目前处于整体间歇性形变阶段。

§4.4 异点异时同向的视角挖掘

异点异时同向的视角即视角 5，具体指“不同监测点、不同监测日期和相同位移方向”的视角，重点表现所有监测点在一段时期内，于给定位移方向的滑坡位移水平及其监测水平的可靠性。在数域空间中，异点异时同向的视角的结果，表现为一个由多个云滴组成的云团，表示滑坡体在给定位移方向上对概念“滑坡稳定”的总体确定水平。在发现状态空间中，异点异时同向的视角面对的是，在给定位移方向上、具有不同时期的位移监测属性的、监测点对象构成的知识模板方向。当以此视角观察滑坡体的形变监测数据时，通过空间数据挖掘获得的，是滑坡体在给定方向上、于不同粒度层次的知识模板的共性知识。显然，在给定位移方向上，面向属性的概念空间的同点异时同向的视角，以及面向对象的特征空间的异点同时同向的视角，都是针对滑坡监测数据的空间数据挖掘的微观层次。异点异时同向的视角，是二者的升华。其中，异点异时同向的视角在滑坡体的不同断面、整个滑坡体上又表现为中观层次、宏观层次。

4.4.1 不同断面的数字特征值

在滑坡体的不同断面上归纳挖掘，是中观层次的空间数据挖掘。根据数据场，分别估计宝塔滑坡的不同断面的不同监测点在不同时期，在 X 方向、Y 方向、H 方向的位移变形概率分布密度，所得结果分别如图 4-24、图 4-25、图 4-26 所示。以此

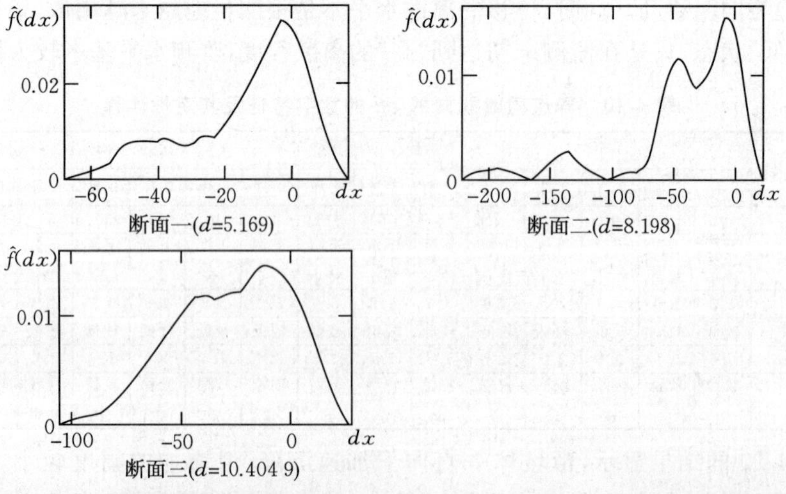

图 4-24 不同断面的不同监测点在不同时期在 X 方向的位移概率分布密度

为基础，再按照逆向云发生器的辐射拟合算法，就能够计算得到滑坡体的三个不同断面的数字特征值。表 4-11 给出的即为在异点异时同向的视角中，不同断面的数字特征及其定性诠释。

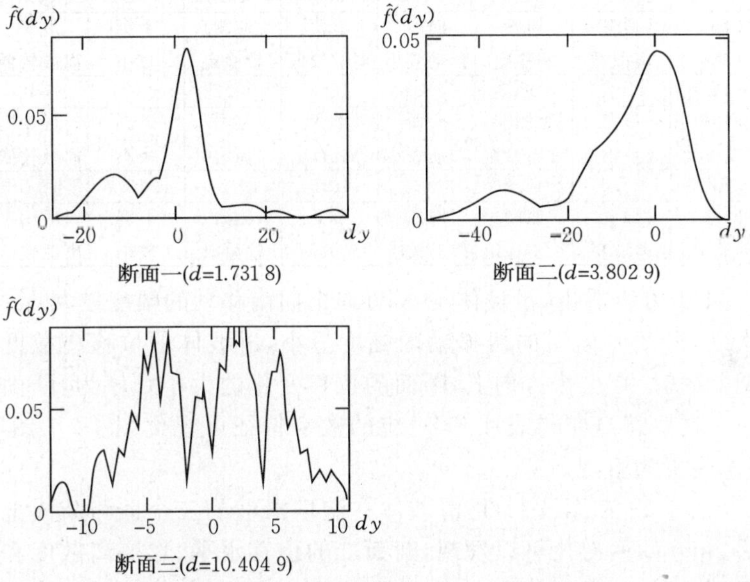

图 4-25　不同断面的不同监测点在不同时期在 Y 方向的位移概率分布密度

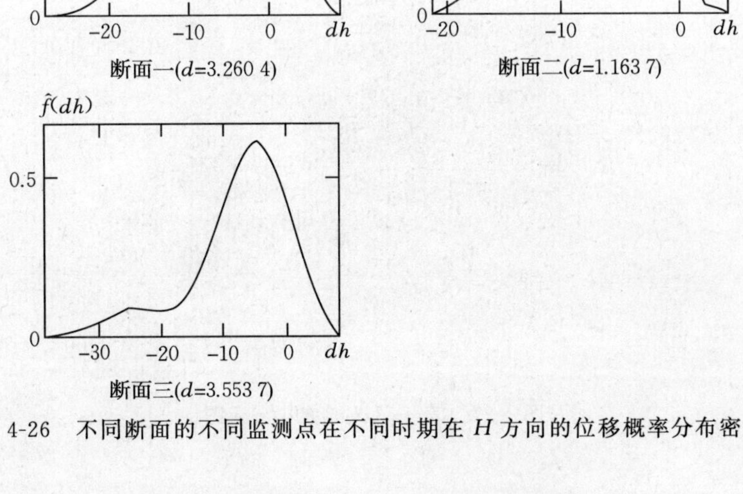

图 4-26　不同断面的不同监测点在不同时期在 H 方向的位移概率分布密度

表 4-11 异点异时同向的不同断面的数字特征及其定性诠释

断面	dx			dy			dh		
	Ex/mm	En/mm	He/mm	Ex/mm	En/mm	He/mm	Ex/mm	En/mm	He/mm
一	−13.8	112.1	22.3	−0.2	5.0	4.9	−6.1	5.7	12.8
定性诠释	向南移动小	形变离散低	监测不稳定	向西移动较小	形变离散较低	监测较稳定	下沉较小	形变离散较低	监测较稳定
二	−41.7	412.4	108.3	−6.8	12.2	11.2	−6.7	5.0	3.6
定性诠释	向南移动很大	形变离散很高	监测非常不稳定	向西移动较小	形变离散低	监测稳定	下沉较小	形变离散较低	监测较稳定
三	−212.3	23.5	44.2	−0.9	10.2	5.3	−12.7	12.5	16.2
定性诠释	向南移动非常大	形变离散高	监测很不稳定	向西移动较小	形变离散低	监测较稳定	下沉较小	形变离散较低	监测稳定

从表 4-11 中可以看出，滑坡体在 X 方向上向南移动的幅度最大，在 H 方向下沉的幅度次之，在 Y 方向上向西移动的幅度最小，滑坡体的位移离散度和监测水平与此相似。同时，在三个方向上，断面的位移变化的大小顺序为：断面二＞断面三＞断面一。这些特点在与表 4-11 对应的数字特征可视化图 4-27、图 4-28 和图 4-29 中，显示的更为直观。

图 4-27、图 4-28 和图 4-29 是滑坡体在宝塔滑坡的三个监测断面上的总体位移形变水平，相互两两对比可以发现，断面二的位移水平、形变离散度和监测水平仍然分别最大、最高和最不稳定。而且，在整体上，滑坡体的断面一、断面二和断面三都在三个方向有偏向长江的一定位移量，且滑坡体的后缘明显较前缘变化量大，证明该滑坡体为压推型滑坡。

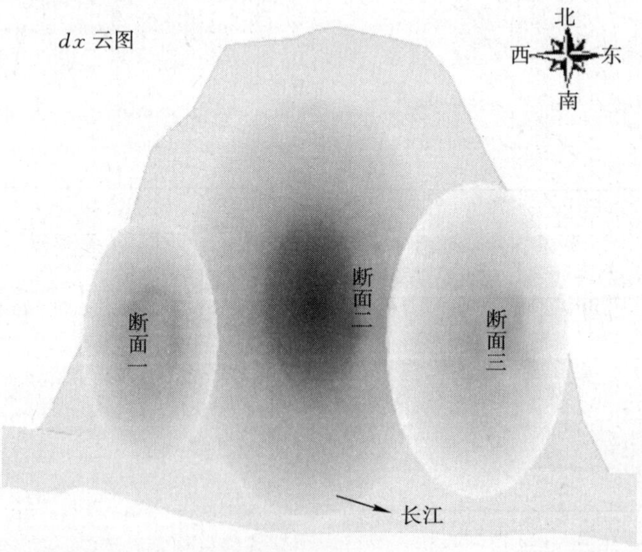

图 4-27 表 4-11 对应的 dx 云图

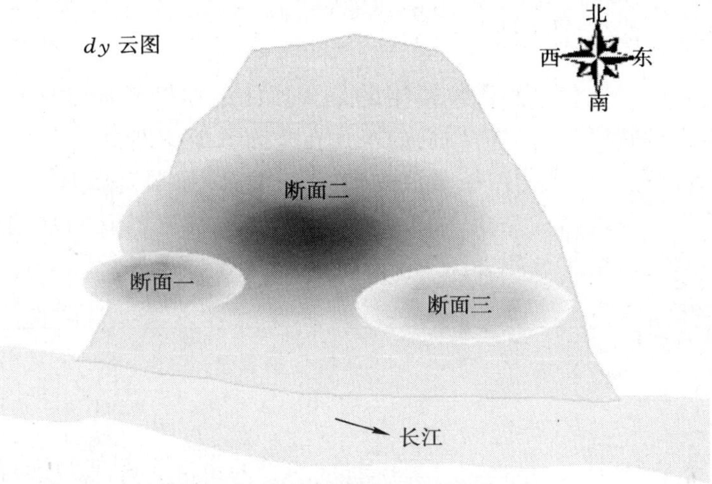

图 4-28　表 4-11 对应的 dy 云图

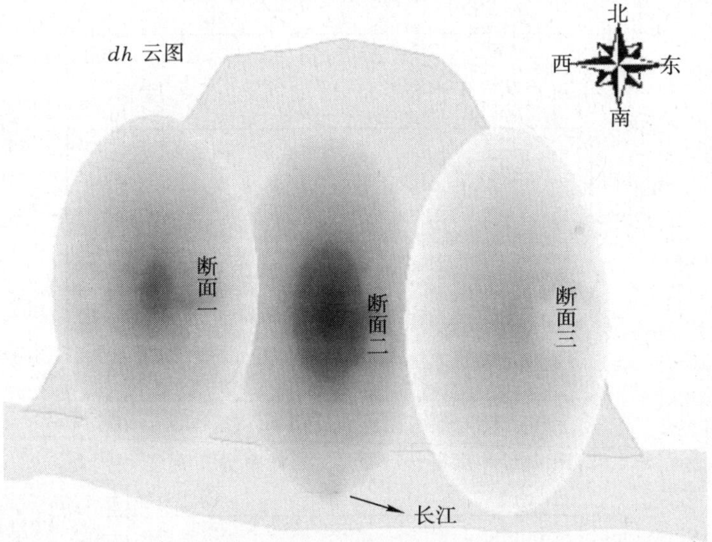

图 4-29　表 4-11 对应的 dh 云图

把三个断面在一个方向（X 方向、Y 方向或方向 H）的位移，重新组合为断面一、断面二、断面三同时在三个方向（X 方向、Y 方向和 H 方向）的位移，可以得到另外的新意义。从中可以看出，三个断面的所有监测点都基本发生了大小不一的位移。它们的位移幅度、位移离散度和监测水平的规律都是：X 方向 $>$ H 方向 $>$ Y 方向，而且在 H 方向和 Y 方向上表现为：断面二 $>$ 断面一 $>$ 断面三。其中，断面二的监测点 BT21 在 X 方向和 Y 方向的位移幅度、位移离散度和监测水平方面都居首位。

4.4.2 滑坡的数字特征值

在很多情况下，人们思维决策使用的是滑坡体的整体形变位移水平。也就是说，用于决策的常常是异点异时同向的视角在空间数据挖掘中的宏观层次知识，这种知识甚至可能是一句数据浓缩量极大的概念语言。根据云概率分布密度估计理论，分别计算宝塔滑坡监测点在 X 方向、Y 方向和 H 方向的观测数据的整体概率分布密度估计，所得结果分别如图 4-30、图 4-31 和图 4-32 所示。

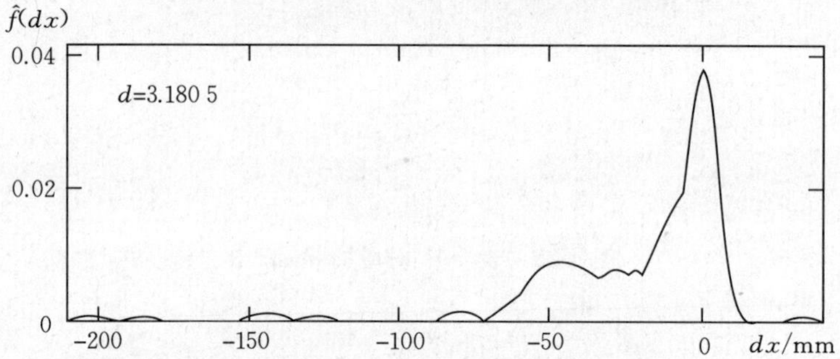

图 4-30 水平位移量 dx 的概率分布密度

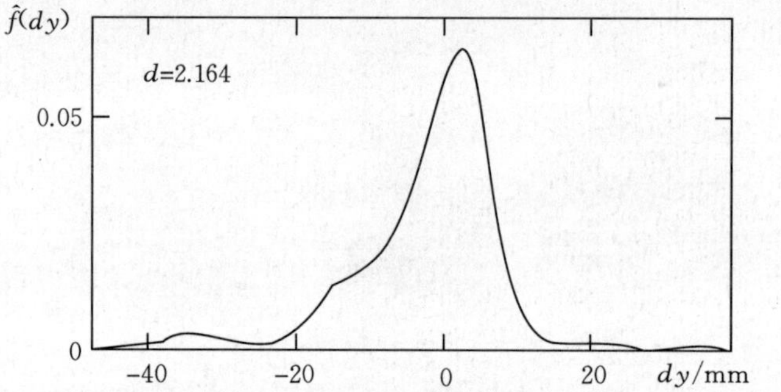

图 4-31 水平位移量 dy 的概率分布密度

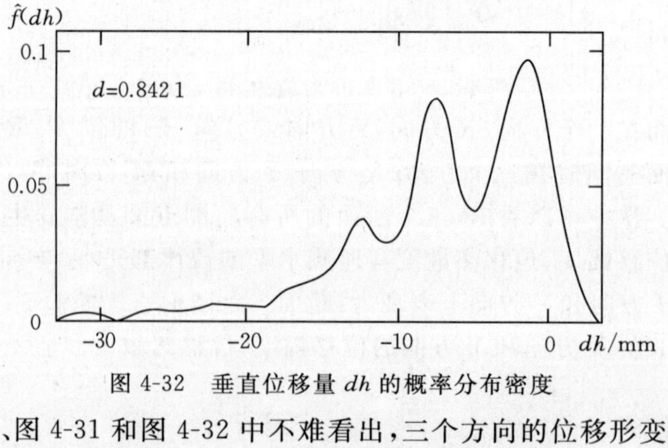

图 4-32 垂直位移量 dh 的概率分布密度

从图 4-30、图 4-31 和图 4-32 中不难看出，三个方向的位移形变数据的概率密度最大值都集中在“0mm”附近。相对而言，X 方向的位移形变数据的概率密度范围最小，变化幅度最大，监测点向同一方向移动变形显著；Y 方向的位移形变数据的概率密度范围次之，变化幅度次之，监测点变形左右波动；H 方向的位移形变数据的概率密度范围最大，变化幅度最小，监测点变形的基本是一直向下沉降。监测点位移形变数据的这些差异，尤其概率密度差异，是宝塔滑坡监测数据规律的一种外在表达方法，也是宝塔滑坡形变规律的一种体现，在空间数据挖掘中，是不可以忽略的。

表 4-12 则是在此基础上，根据逆向云发生器的辐射拟合算法，计算得到的宝塔滑坡在三个不同方向的整体数字特征及其定性诠释。图 4-33 是与表 4-12 对应的数字特征可视化云图，显然更为直观。

表 4-12　异点异时同向的数字特征及其定性诠释

数字特征	dx	dy	dh
Ex/mm	−212.6	−2.6	−6.8
定性诠释	向南移动较大	向西移动较小	下沉较小
En/mm	33.9	10.0	6.2
定性诠释	形变离散较高	形变离散低	形变离散较低
He/mm	63.7	5.0	10.1
定性诠释	监测非常不稳定	监测较稳定	监测稳定

图 4-34 是在图 4-33 与表 4-12 的基础上，生成的滑坡体整体位移形变云图，其表达的空间知识粒度在发现状态空间中沿知识模板的方向得到升华，可以归结为一句话，即“宝塔滑坡在监测期内发生了向南微偏西的移动，并伴随少量的向下沉降。”这是对迄今为止所有滑坡形变监测数据的总结，是一句浓缩量很大的用概念语言描述的空间知识。

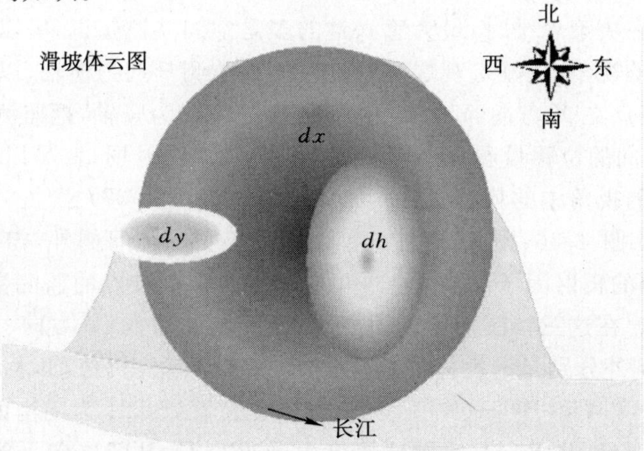

图 4-33　表 4-12 对应的宝塔滑坡监测云图

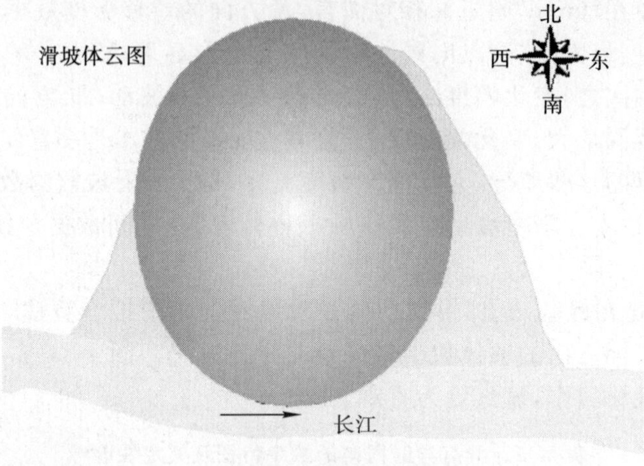

图 4-34　宝塔滑坡的整体位移形变云图

§4.5　基于数据场的例外挖掘

在本章基于云模型得到的空间可视化知识中，并没有空间例外知识。可是，有的重要例外和空间规则知识同等重要，在侧重于例外挖掘的空间数据挖掘中甚至更为引起人们的兴趣。因此，这里将再用数据场的理论，从宝塔滑坡的空间监测数据中，发现空间例外。基于上述三个视角，监测点的数据场的等势线(面)不再是一个个嵌套的同心圆(球面)，势心也不再是各个数据点在数域空间的位置，而是在数据场中根据位移的强弱，呈现自然的抱团特性。

4.5.1　不同方向上的例外

因为人们在决策思维时，最为感兴趣的多是空间共性知识，所以这里主要基于异点异时同向的视角，挖掘宏观层次的例外。以监测日期为横轴、以监测点的坐标为纵轴、以监测点在 X 方向、Y 方向或 H 方向的位移为竖轴，把监测点在 X 方向、Y 方向或 H 方向的位移量看作质量，向整个滑坡体发射场，就可以得到滑坡体在异点异时同向的视角中的势场图(图 4-35、图 4-36、图 4-37)。

在图 4-35、图 4-36、图 4-37 中，由于是为了发现空间例外，需要突出个性知识，因此三幅图的辐射因子都取 $k=3$，并增加了两个基准点的监测数据，以突出例外的个性特征。在这三幅图中可以很直观地看到，X 方向、Y 方向、H 方向的位移 dx、dy、dh 的例外分别是滑坡体的监测点 BT21(向南的负位移，相对于其他监测点非常明显)、BT14 和 BT21(BT14 为向北的正位移，BT21 为向南的负位移，相对于其他监测点明显，且 BT21 的例外幅度大于 BT14)、BT31(向下的负位移，相对于其他监测点不是十分明显)。同时，dx 的例外幅度最大，而 dh 的例外幅度最小,几乎不能称之为例外。这时得到的是滑坡体在三个不同方向上的例外。

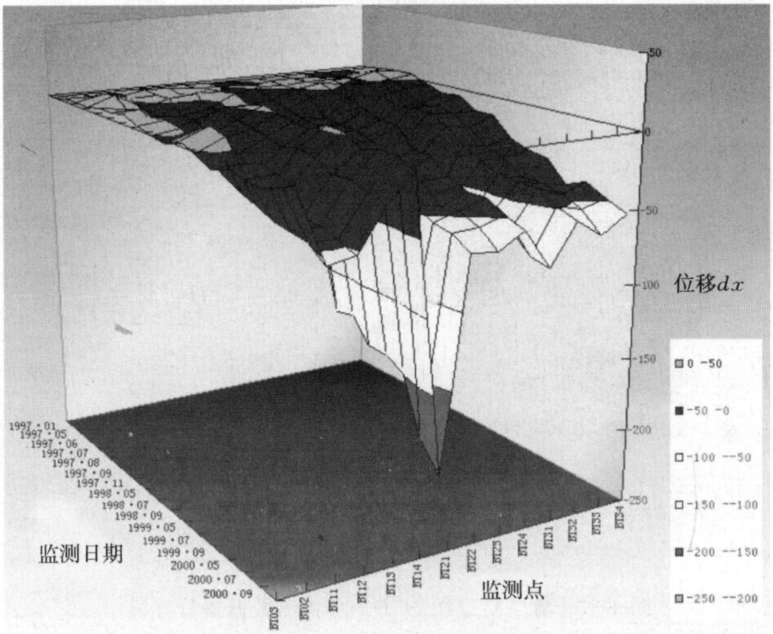

图 4-35　宝塔滑坡在 X 方向的监测数据辐射势场

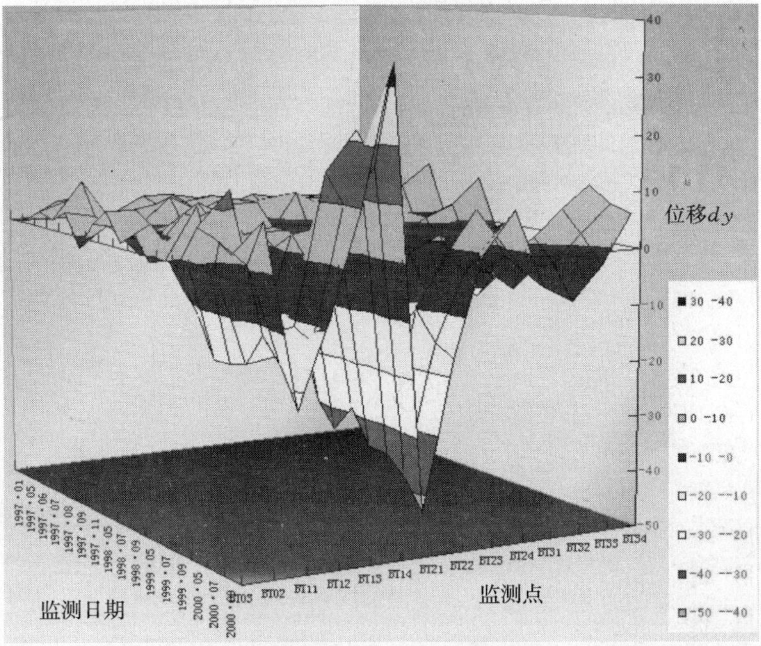

图 4-36　宝塔滑坡在 Y 方向的监测数据辐射势场

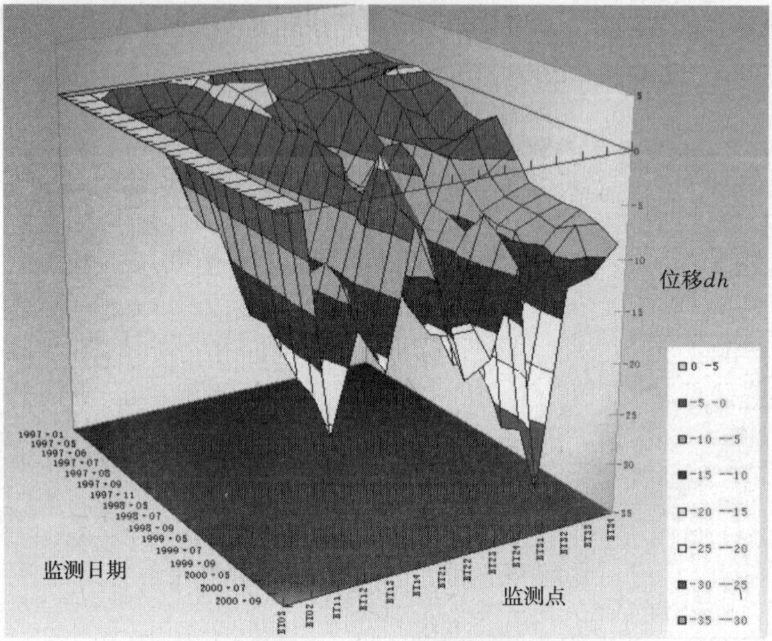

图 4-37　宝塔滑坡在 H 方向的监测数据辐射势场

4.5.2　整体例外

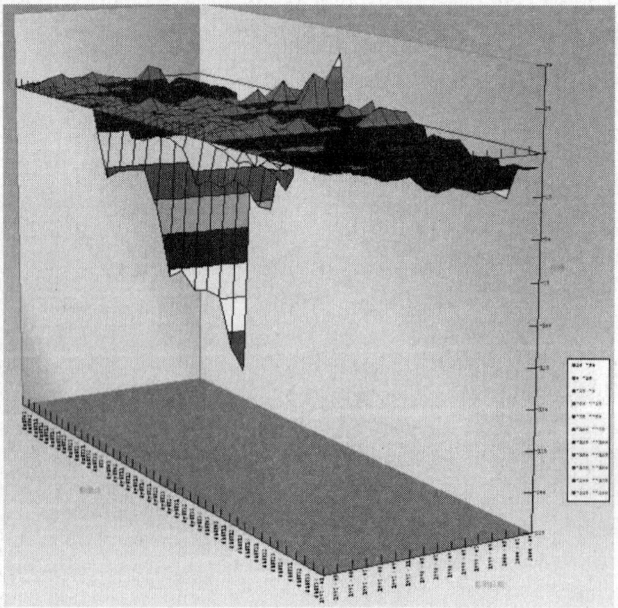

图 4-38　宝塔滑坡的整体监测数据辐射势场

如果要求获得滑坡体的整体例外，那么可以把监测日期作横轴、将监测点的坐标做纵轴、令监测点的位移作竖轴，把监测点的位移量看作质量，向整个滑坡体发射场，就可以得到滑坡体在异点异时同向的视角中的整体势场图（图 4-38）。此处除了增加了两个基准点的监测数据外，辐射因子取 $k=5$。

从图 4-38 中可以看出，宝塔滑坡体的最大例外是监测点 BT21 在 X 方向的负位移，即向长江方向移动。虽然 BT14 是正位移中的最大例外，即在 Y 方向向北的正位移，但是它的绝对位移在整个宝塔滑坡的所有监测数据中仍然较小。

4.5.3　规则＋例外

在图 4-38 的宝塔滑坡的整体监测数据辐射势场的基础上，利用“数据场——云”聚类的算法，通过不断消除势心，还可以得到宝塔滑坡监测点的自然拓扑聚类谱系图（图 4-39(a)）。

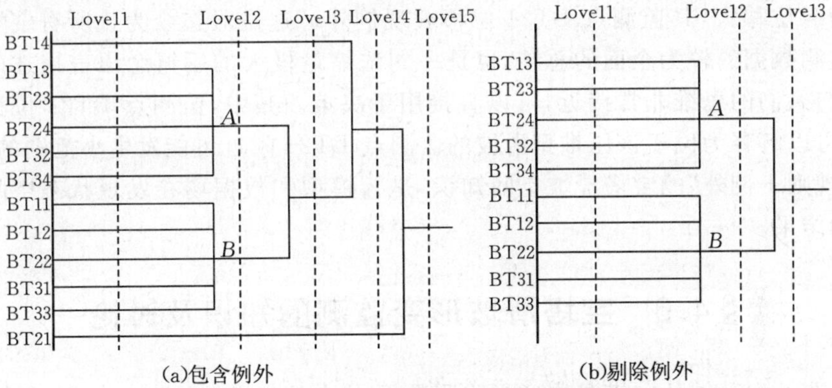

图 4-39　宝塔滑坡监测点的自然聚类和类谱图

在认知层次 1(Level1)上，监测点相互独立，没有聚类。

在认知层次 2(Level2)上，监测点 BT13、BT23、BT24、BT32、BT34 自动聚集为一类，记为 A 类；监测点 BT11、BT12、BT22、BT31、BT33 自动聚集为另一类，记为 B 类；监测点 BT14 独列一类；监测点 BT21 独列一类；它们分别表示不同的滑坡形变位移水平。

在认知层次 3(Level3)上，A 类和 B 类又自动聚集为新的一类，说明宝塔滑坡的大部分监测点的形变位移水平具有相似性；监测点 BT14、监测点 BT21 仍然分别独立成类，是宝塔滑坡的形变位移的例外。

在认知层次 4(Level4)上，A 类和 B 类聚集的新类，和监测点 BT14 聚集为新类，说明小例外个性知识在较高的认知层次上被融入共性知识之中；但监测点 BT21 仍然独立成类，是较大的例外个性知识，可能对宝塔滑坡的稳定性监测具有重要意义。

在认知层次 5(Level5)上，监测点 BT21 的“例外”作用被淹没在共性知识中，宝塔滑坡的所有监测点共同表达一个整体概念，即宝塔滑坡在监测时期内发生了大小不一的形变位移。

可见，从认知层次 1(Level1)逐步上升到认知层次 5，是求同；而从认知层次 5(Level1)逐步下降到认知层次 1，则是求异。这个认知过程，再次印证了空间数据挖掘的“规则＋例外”机理，也证明了云模型和数据场对发现状态空间的双翼作用。当然，如果剔除例外的监测点 BT14、监测点 BT21，那么求同聚类或求异细化的过程就会简化三个认知层次，计算速度加快很多(图 4-39(b))。但是，剔除例外并非最佳的选择，使挖掘得到的空间知识保持“规则＋例外”的形态，往往是实际应用的真正需要。

现在，把分别根据图 4-34、图 4-38 和图 4-39 得到的结论归结在一起，可以使空间知识的粒度在发现状态空间中沿着认知层次(或知识模板)的方向再次升华，即“宝塔滑坡在监测期内发生了向南微偏西的移动，并伴随少量的向下沉降，且后缘较前缘位移大，其监测点 BT21 位移表现例外。”这是对迄今为止所有宝塔滑坡形变监测数据的较为全面的总结，也是一句浓缩量极大的用概念语言描述的空间知识，与人们的思维非常接近，可以直接用于决策。其中，监测点 BT21 位移表现例外，可以解释为位于该压推型滑坡的监测点 BT21 附近可能发生小范围的滑坡。这条“规则＋例外”的宝塔滑坡空间知识，是云模型和数据场在发现状态空间共同作用的结果。

§4.6 宝塔滑坡形变监测的知识及讨论

本节首先总结从宝塔滑坡形变监测数据中挖掘获得的知识，然后在此基础上研究空间数据挖掘机理；其次是检验知识；最后把空间数据挖掘的知识与其他方法的结果进行对比讨论。

4.6.1 发现的知识

1. 挖掘视角“同点异时同向”发现的是每个监测点的时间序列知识

(1)南北方向(X 方向，见表 4-5、图 4-12)，位移幅度非常大，位移之间离散程度非常高，监测水平也非常不稳定的，是断面二的监测点 BT21；位移幅度较小、位移之间的离散程度较低、监测水平也较稳定的，是断面一的监测点 BT14；监测点之间位移变化的范围为：断面二 > 断面三 > 断面一。

(2)东西方向(Y 方向，表 4-6、图 4-13)，向西位移幅度大、位移之间离散程度低、监测水平也较不稳定的，是断面二的监测点 BT21；向西位移幅度较小、位移之间离散程度较低、监测水平也较稳定的，是断面三的监测点 BT33。

(3)垂直方向(H 方向，表 4-7、图 4-14)，向下位移幅度大、位移之间离散度低、监测水平也稳定的，是断面三的监测点 BT31；向下位移幅度较小、位移之间离散度低、监测水平也较稳定的，是断面一的监测点 BT14。

总体上，每个监测点在不同监测日期的形变位移，南北方向一直向南移动，垂直方向一直向下沉降，东西方向的位移没有一致性，东西波动，而且，南北方向的位移在总体上远大于东西方向、垂直方向)，滑坡主要向长江方向移动，所有监测点的位移监测水平基本相似，而且在东西方向和垂直方向位移变化的范围也基本相似。

2. 挖掘视角“异点同时同向”发现的是每个监测日期的所有监测点知识

(1)南北方向(表 4-8)在监测开始时的短暂两期(1997 年 5 月和 6 月)内，滑坡体向北发生了微小位移，但从第三期监测开始后，滑坡体一直向南移动，并以越来越快的速度递增移动。同时，位移也越来越离散，监测水平也越来越不稳定，而且变化趋势较为明显，前者从较低变为很高，后者从较稳定变为很不稳定。

(2)东西方向(表 4-9)在监测初期的相当一段时间(整个 1997 年和 1998 年初)内，滑坡体基本向东移动，后来又转向西移动，移动的速度较为缓慢，达到一个小峰值后，再次呈递减的趋势向南移动。同时，位移的离散水平不是很明显地越来越离散，很长时间内保持“较低”状态，只是在监测末期达到“高”的离散程度，监测水平基本较为稳定。

(3)垂直方向的滑坡体(表 4-10)一直向下加速沉降，但增加的幅度较小。位移的离散水平和监测水平虽有增长但幅度很小，基本保持较低、较稳定状态。

总体而言，滑坡体在向南微偏南变速移动的过程中，伴随向下变速沉降，揭示出该滑坡体目前处于整体间歇性形变阶段。

3. 挖掘视角“异点异时同向”发现的是滑坡的总体时间序列知识

不同断面的知识(表 4-11，图 4-27、图 4-28 和图 4-29)。滑坡体在南北方向上向南移动的幅度最大，在垂直方向下沉的幅度次之，在东西方向上向西移动的幅度最小，滑坡体的位移离散度和监测水平与此相似。同时，在三个方向上，断面的位移变化的大小顺序为：断面二 ＞ 断面三 ＞ 断面一，断面二的位移水平、形变离散度和监测水平仍然分别最大、最高和最不稳定。在整体上，滑坡体的断面一、断面二和断面三都在三个方向有偏向长江的一定位移量，且滑坡体的后缘明显较前缘变化量大，证明该滑坡体为压推型滑坡。

滑坡的三个方向知识(表 4-12、图 4-33)。三个方向的位移形变数据的概率密度最大值，都集中在“0 mm”附近。相对而言，南北方向的位移形变幅度最大，监测点向同一方向移动变形显著；东西方向次之，监测点变形左右波动；垂直方向最小，监测点基本是一直向下沉降。

滑坡整体知识(表 4-12、图 4-34)。“宝塔滑坡在监测期内发生了向南微偏西的移动，并伴随少量的向下沉降。”

4.基于数据场的例外挖掘

滑坡在三个不同方向上的例外。在南北方向、东西方向、垂直方向的位移 dx、dy、dh 的例外分别是监测点 BT21(向南的负位移,相对于其他监测点非常明显,图 4-35)、BT14 和 BT21(BT14 为向北的正位移,BT21 为向南的负位移,相对于其他监测点明显,且 BT21 的例外幅度大于 BT14,图 4-36)、BT31(向下的负位移,相对于其他监测点不是十分明显,图 4-37)。其中,dx 的例外幅度最大。

滑坡的最大例外(图 4-38)。监测点 BT21 在南北方向上向长江方向移动。

自然拓扑聚类谱系知识(图 4-39a)。在认知层次 1 上,监测点相互独立,没有聚类。在认知层次 2 上,除了监测点 BT14、BT21 分别独立,其他监测点开始聚为不同的类。在认知层次 3 上,大部分监测点自动聚为一类,监测点 BT14、BT21 仍然分别独立。在认知层次 4 上,监测点 BT14 被聚入大类,但 BT21 仍然独立。在认知层次 5 上,全部监测点聚为一类可见。这说明,宝塔滑坡的大部分监测点的形变位移水平具有相似性,"小例外"知识在较低的认知层次上就被融入共性知识,较大的例外个性知识必须在较高的认知层次才能被同化,可能对滑坡稳定性监测具有重要意义。最后聚为一类表明,宝塔滑坡的所有监测点数据共同表达了一个整体概念,即宝塔滑坡在监测时期内发生了大小不一的形变位移。

5.规则+例外

"宝塔滑坡在监测期内发生了向南微偏西的移动,并伴随少量的向下沉降,且后缘较前缘位移大,其监测点 BT21 位移表现例外。"

这条知识是在监测数据的基础上,经过不同层次的挖掘而获得的。可以解释为,宝塔滑坡的大部分监测点的形变位移水平相似,主要向长江方向移动,是压推型滑坡,监测点 BT21 位移表现例外的原因是监测点 BT21 附近滑坡变形最大,是小范围滑坡灾害的高发地。宝塔滑坡的岩层走向是东西走向,倾角上陡下缓呈椅状。这种滑坡特性和上述的知识十分吻合,说明包括滑坡体的物质性质、地质构造和坡度在内的内力作用,是滑坡灾害的主要成因。这条"规则+例外"的宝塔滑坡空间知识,是云模型和数据场在发现状态空间共同作用的结果,具有一定的数据挖掘机理。

4.6.2 挖掘机理

从前述的空间数据挖掘过程中,可以总结出其基本空间数据挖掘机理。首先,把滑坡监测数据的能量向整个滑坡体辐射,根据数据辐射估算监测数据的概率分布密度,并据此得到云模型的三个辐射数字特征,其次,根据滑坡监测的特点获得数字特征的定性诠释概念,在遵循原始监测数据整体水平的前提下,利用正向云发生器得到定性概念的可视化云图;最后,利用数据场得到滑坡位移形变的例外,进而得到粒度较大的"规则+例外"型的滑坡监测空间知识。这个机理是基于不同认知层次的“数据→概念→知识(规则加例外)”视图,是从滑坡的监测点属性到滑坡的监测点个体对象,再到滑坡的整体对象的过程,在发现状态空间中,依次对应着不同认知层次上的属性空间、概念空间、特征空间,或属性方向、宏元组方向和知识模板方向,具体由云模型和数据场实现不同认知层次的定性定量的转化和例外挖掘。在数域空间中,它使用了针对属性的概念空间和针对对象的特征空间,涉及了从微观(不同监测点、不同监测日期、不同方向)、中观(滑坡体的不同断面)到宏观(整个宝塔滑坡)的多个视角。从微观到宏观,认知层次上升,知识浓缩抽象;而从宏观到微观,认知层次下降,知识具体,体现向数据靠拢的趋势。宝塔滑坡监测数据的整个挖掘机理,可以具体归结为图4-40。

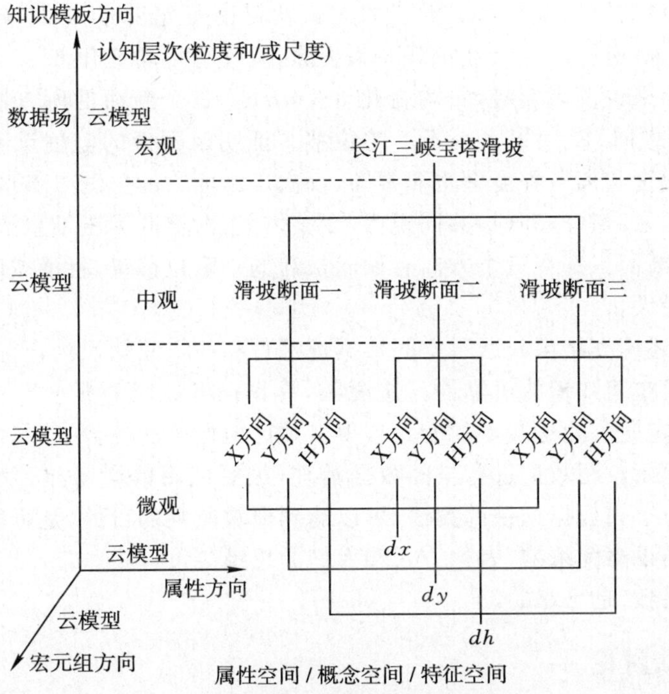

图4-40　宝塔滑坡监测数据挖掘的机理

4.6.3 知识检验

实践是检验一切真理的标准。建立一个无论多么严密精确的数学方法,其评价结果都只是对真实情况的一种逼近或近似表达,都含有误差。对于滑坡监测这样关系到人身生命和国家财产安全的课题,仅仅用这样的数学模型评价是绝对不行的,应该到实地踏勘,检验监测结果的可靠性。在滑坡区巡视过程中发现:

(1)宝塔滑坡后缘所建的拦水堰墙(二道拦水堰)发现近20 m长的裂缝,缝宽10～20 cm不等。表明滑坡区目前处于整体间歇性形变阶段。

(2)2000 年 6～7 月间，由于连日暴雨，穿过滑坡区的公路两旁和滑区沟坎多处有较大的塌方。表明滑坡区的形变受滑坡区降雨量的影响较为明显。

(3)在滑坡区中部的 BT21 监测点附近，向家营处的滑坡后缘发生了小规模的滑坡，滑坡区发现长 15～20 m 的 2 条裂缝，上下交错之落差达 60～70 cm，致使裂缝附近的多户居民晚上不敢在家居住，居民张国强墙壁的裂缝更是宽达近 15 mm。这验证了：①滑坡区在向南微偏西（长江方向）变速移动的过程中，伴随向下变速沉降；②断面二的监测点 BT21 的位移幅度非常大、滑坡形变的离散程度非常高；③监测点 BT21 确实是重要的“例外”，意义是在它的附近发生了小规模的滑坡，现在和将来都应该引起足够的重视。

(4)位于滑坡区后缘 BT31 附近的向家营村民黄先云家，1987 年建造的砖瓦平房，近几年来，房屋后主墙被拉开 3 条裂缝，裂缝每年均变化 6～7 cm，其房后的老山基础近年来也发现裂缝，年均变化 3～5 cm。三个断面的所有监测点都在向 X 负方向（南方向）发生了大小不一的位移。证明断面三的监测点 BT31，在滑坡形变的位移幅度和离散程度上也非常高，仅次于断面二的监测点 BT21。

(5)由(1)、(2)、(3)和(4)共同说明，在整体上，滑坡区为压推型滑坡，它的断面一、断面二和断面三都在三个方向有偏向长江的一定位移量，且滑坡区的后缘明显较前缘变化量大。

可见，上述调查结果与通过空间数据挖掘得到的空间知识吻合得相当好，从而进一步验证了空间知识的可靠性。这说明，首先在滑坡区的典型不稳定体上设立监测点，通过定期监测这些点的变化获得滑坡区形变监测的数据，其次根据一定的目的对这些原始监测数据进行空间数据清理，最后利用数据场和云模型在发现状态空间中进行空间数据挖掘的方法，可以达到滑坡监测的目的，是可行的。其最后的空间知识结果高度浓缩，表达方式和人们的思维决策方式非常一致，并和滑坡区的自然现实一致，是可靠的。

4.6.4 方法讨论

(1)滑坡监测关心的是滑坡监测的好不好、滑坡的变形水平怎样、根据监测滑坡会不会发生等问题。常用自然语言发问，回答也当然最好是自然语言，当语言较多时，又要求图形概括这么多语言。言简意赅的方法是，图形＋定性语言，这也是决策者所需要的。可是，监测数据是定量的，自然语言是定性的，还有随机性和模糊性，怎样把定量的监测数据和定性的语言、形象的图形结合起来，并实现相互转换呢？

滑坡监测的目的，是提供防灾和抗灾的决策支持。由于滑坡灾害涉及的学科背景很多，例如，测量、GPS、数据处理、滑坡地质、灾害预防管理等，每个人不可能对每个相关学科都了如指掌。例如，测量中的单位权方差，对于管理决策者可能是陌生的，甚至可能被赋予不同的含义。要求所有的决策者都具备这些滑坡监测的学科背景，更是不现实。那么，如何解决这个“决策急需而学科背景不足”的矛盾呢？

此处，我们采用了云模型解决这些问题。三个数字特征描述定性语言概念的基本特征，代表精确空间监测数据所反映的滑坡位移及其监测的整体水平。预期期望一般是监测点的首期初始观测位置，位移为0。这个预期期望和监测点的监测值期望之差，就反映了监测点的整体平均位移。熵体现滑坡的位移形变水平，表示了监测点对预期位置的离散程度，超熵则综合反映监测仪器、监测员的素质和监测环境等因素对监测水平的影响程度。人们最喜闻乐见的是自然定性语言、直观形象的图形图像。提供一句来自监测数据的自然语言、或一幅反映监测精度的图形（例如云图），显然比提供监测数据的各种精度指标（见表12.2和12.3），更接近于人们的思维，更适合于决策者使用，尤其当监测点很多、监测周期很长、监测数据很多时。

(2)滑坡形变监测的数据，是在滑坡体的典型不稳定体上设立监测点，通过定期监测这些点的变化获得的，每个监测数据都是滑坡监测的一次具体实现，都在一定程度上反映了滑坡形变位移的水平，那么，怎样把每个监测点的数据作用映射到整个滑坡体上？怎样反映每个监测数据对滑坡监测结论的不同作用呢？

此处采用了数据场解决。每个滑坡监测数据都把自己的数据能量，按照一定的条件，从每个监测点向整个滑坡体辐射，数据场刻画了每个数据对滑坡监测任务的不同作用。根据数据场的场强函数计算得到的势场，则给出了所有监测数据的自然拓扑聚类知识，并把共性规则和个性例外自然地在不同层次上呈现出来。

(3)滑坡监测的结论，可能有不同的要求和应用层次。高层的决策者是宏观的，把握方向，可能只是一句话，一幅图；中层的决策者是中观的，带有一定的技术性，可能对滑坡每个断面的变形感兴趣，内容要求可能较多；底层的决策者，可能是技术型的，就要具体到每个监测点。那么，怎样从滑坡监测数据中发现这些不同层次的监测结论呢？发现后，又如何表达出来呢？

为此，我们采用了空间数据挖掘解决。决策是从理论到实践，对应一个自知识而数据的决策层次，而空间数据挖掘是从实践到理论，对应一个自数据而知识的认知层次，这实际反映了理论和实践的辨证哲学思想。空间数据挖掘的操作空间是发现状态空间，基于多个不同的视角，数据场刻画了每个数据对挖掘任务的不同作用，云模型实现了精确的定量数据和不确定的定性思维概念之间的相互转换，二者在发现状态空间中的共同作用，则把每个定量的精确监测数据的作用，在不同的认识层次上浓缩到定性的决策思维中。所获结论的具体形式是不同认知层次上的“规则＋例外”型知识。

可见，根据空间数据挖掘得到的滑坡监测知识，信息量丰富、贴切和全面，非常接近于人们的思维和滑坡体运动的真实水平刻画，利于得出较为正确的智能化决策结果。没有空间数据挖掘，将可能得不到这么丰富的不同层次空间知识，满足不了不同的决策要求。在接近人类智能的有效性和正确性方面，空间数据挖掘明显优于确定集合的发生与否（结果为没有灵性的二值逻辑，反应不出任何其他的信息）、一般的概率统计（只给出一个概率）、模糊学的发生隶属度（仅有一个模糊隶属度）、粗集的上下近似（留下一个模棱两可的边界）、专家群体打分（只有一个专家的主观经验均值）、或一般的精度评定法（只给出一个生硬的数值，反应不出任何其他的信息）等方法。

§4.7 本章小结

滑坡灾害是具有极大的危害性，宝塔滑坡稳定与否，将直接关系到长江三峡水利工程和滑坡区人们的生命财产安危。基于多个不同的视角，从宝塔滑坡形变监测数据集中挖掘多种知识，可为国家有关部门对宝塔滑坡的决策提供空间知识支持，具有现实意义。本章根据云模型和数据场，在发现状态空间中研究了宝塔滑坡监测的空间数据挖掘的技术与方法，在宝塔滑坡监测数据中挖掘得到了微观、中观和宏观三个认识层次的可视化空间知识，并和宝塔滑坡区的自然现象和变化十分吻合。

（1）应用了空间数据挖掘的视角技术。滑坡监测数据的挖掘视角共有八类，具有泛层次结构关系，基本视角是所有视角的最基本组成单位，基本组合视角是三维数域空间中的基本组合视角。在宝塔滑坡监测数据的挖掘中，使用了“同点异时同向”、“异点同时同向”和“异点异时同向”三个视角，分别对应微观、中观和宏观三个不同认识层次的空间知识；

（2）将基于云模型和数据场的空间数据挖掘技术应用于宝塔滑坡的变形监测中，得到了“规则＋例外”型的可视化空间监测知识，并和宝塔滑坡的实际情况吻合。

（3）基于云模型和数据场，在发现状态空间中操作实现空间数据挖掘，方法具有可行性，结果具有可靠性。

这说明，在关系到国计民生的、自然或人造的、大型空间实体的稳定性的安全监测中，空间数据挖掘视角值得推荐。

第5章　网络化数据挖掘视角

多个节点相连组成网络,计算机网络是网络的基础技术。网络复杂性是问题复杂性的表现,很多复杂系统的问题都可以归结为复杂网络问题。本章在网络空间中,基于网络情境的拓扑结构,研究数据挖掘视角。

§5.1　从网络到复杂网络

网络由多个节点相连组成,节点和连接节点的边是网络的基本要素。实践证明,现实世界的很多网络都具有小世界(Watts,Strogatz,1998)、无标度(Barabási,Albert,1999,2003)和社团抱团(Girvan,Newman,2002)的复杂网络特性。

5.1.1　网络

计算机网络是通过电缆、电话线或无线通讯将两台以上的计算机互连起来的集合,是网络的基础技术。计算机网络正在被应用于电子商务、电子政务、电子银行、远程教育、远程会议、远程医疗、远程购物、远程监控、信息服务等社会经济的各个领域。计算机网络是把分布在不同地理位置的、具有相对独立功能的多台计算机及其外部设备,通过通信线路连接起来,在网络操作系统、网络管理软件及网络通信协议的管理和协调下,实现资源共享和信息传递的计算机系统。简言之在计算机网络中,局域网(Local Area Network,简称 LAN)是把两台计算机、或者在同一单位内的上千台计算机和使用者连在一起组成网络,适用于范围较小的情况。当范围增大到几公里甚至几千公里时,由各个独立的、分布较远的 LAN 相互连接,就构成了广域网(Wide Area Network,简称 WAN)。在 WAN 中,连接 LAN 的一般是由公共电信运营商提供的经济连接方式,具有独立功能,称之为通信云(Communication clouds)。进一步地,还可以细分为 MAN(Metropolitan Area Network)和 CAN(Citywide Area Network),这些网络都需要有专门的管理人员进行维护。Internet 就是由无数的 LAN 和 WAN 共同连接组成,计算机通信网络和 Internet 成为社会结构的一个基本组成部分(图 5-1)。

Stephen Haking 在 2000 年指出:"下个世纪将是复杂性的世界"。自从牛顿力学问世,还原论在现代科学的研究方法中占据了主导地位(方锦清,汪小帆,刘曾荣,2004)。该方法认为系统由大量单个的基本单元组成,并且这些单元的行为及其相互作用遵从普遍而简单的自然法则。但是,还原论的方法仅仅适用于"简单系统”,而无法或根本不适用于自然界中大量存在的“复杂系统”。大量客观事实和科学论证表明:不能简单地用还原论来处理复杂系统,复杂系统不单单是简单个体单元的叠加;不能用单元的个体性质来预言复杂系统整体的丰富行为。

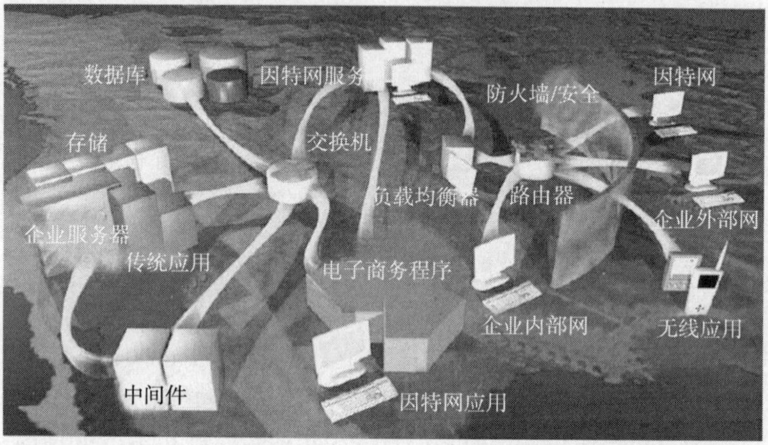

图 5-1 网络无处不在(李德毅,2007,网络智能)

复杂性问题常常表现为网络的复杂性,很多复杂系统的问题都可以归结为复杂网络问题。实验证明,现实世界中的因特网、万维网、科学引文网、科学合作网、演员合作网、电子邮件网等等大量网络都具有复杂网络的特性(吴金闪,狄增如,2004;Boccara,2004;Dorogovtsev,Mendes,2003)。复杂网络是大量真实复杂系统的拓扑抽象,也是大量复杂系统得以存在的拓扑基础(见图 5-2)。

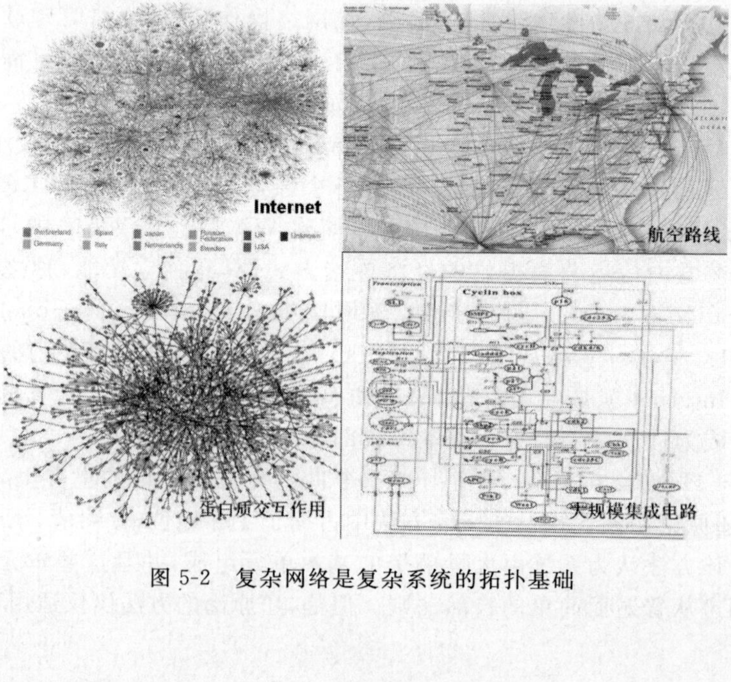

图 5-2 复杂网络是复杂系统的拓扑基础

5.1.2　网络拓扑

网络的拓扑结构决定着网络的统计特性，具有不同拓扑结构的网络产生了规则网络、随机网络、小世界网络、无标度网络、星型网络和集散网络，等等。经典的网络研究是基于数学的图论，用一个图表示一个网络。Erdös 和 Rényi 在 1960 年提出了随机网络模型，认为顶点度服从 Poisson 分布（Erdös，Rényi，1960）。在此后的近 40 年，随机网络模型一直是研究网络的基本模型。随着计算机能力的提高和现实世界数据库的膨胀，很多试验表明，现实世界的网络特征并不能用随机图进行较好的描述。人们在发现了复杂网络的新特性（图 5-3）后，不得不打破边界条件，寻找新的模型。在 Watts 和 Strogatz 的小世界网络模型中，网络平均最短路径较短，集聚系数较大（Watts，Strogatz，1998）。Barabási 和 Albert 提出的无标度网络模型认为，网络的顶点度服从幂律分布（Power-Law）（Barabási，Albert，1999，2003）。不同网络模型根据网络统计参数的比较如表 5-1 所示。

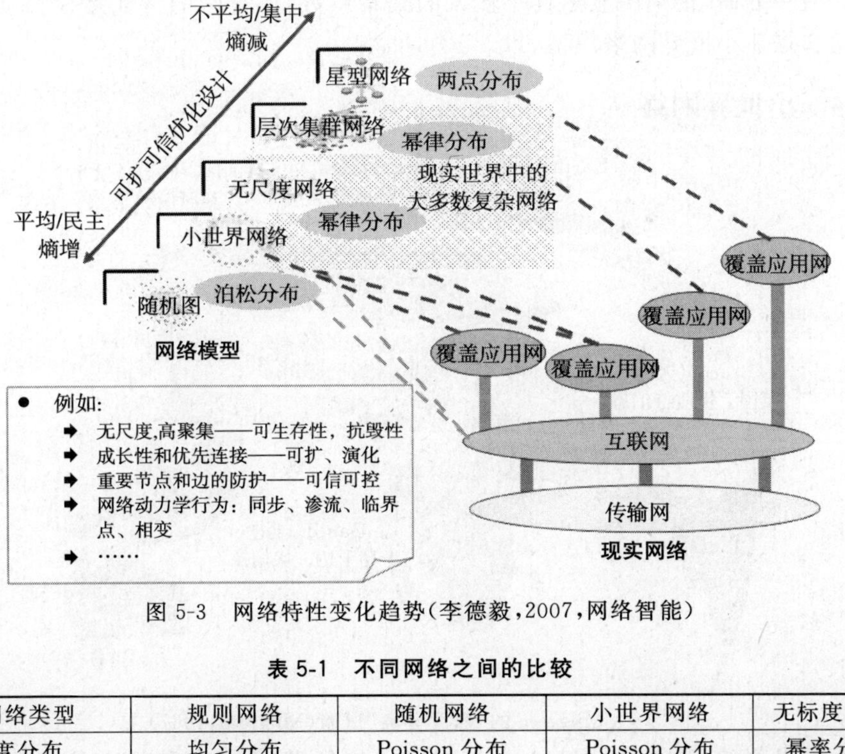

图 5-3　网络特性变化趋势（李德毅，2007，网络智能）

表 5-1　不同网络之间的比较

网络类型	规则网络	随机网络	小世界网络	无标度网络
度分布	均匀分布	Poisson 分布	Poisson 分布	幂率分布
平均路径长度	较大	较小	较小	较小
集聚系数	较大	较小	较大	较大

5.1.3 规则网络和随机网络

正则图(Regular lattice)描述顶点连接度均相同的网络,具有非常规则的拓扑结构;随机图是正则图的另外一个极端,对于一个具有 N 个顶点的图,有两种生成随机图的方法:均衡随机图(Uniform random graphs)和二项随机图(Binomial random graphs)。

可以从平均路径长度、集聚系数和顶点度分布来刻画正则图和随机图的统计特性。正则图的所有顶点都相同,其度值相同,度分布服从两点分布。对于随机图,包含了从空图到完全图的所有可能情况,其几何性质需要对每一种可能图做平均。

可是,在从正则图到随机图转化的过程中,还有一种过渡形式——小世界,即小世界与正则图一样具有较大的集聚系数,又与随机网络一样具有较短的特征路径长度。随机图具有较短特征路径长度,但是集聚系数非常小,不适合描述小世界网络。另一方面,正则图显然具有较大的集聚系数,但是它的特征路径长度较长,也不适合描述小世界网络模型。

5.1.4 小世界网络

图 5-4 Milgram 的“六度分离”试验(Milgram,1967)

小世界网络(Small world)具有较短的特征路径长度和较大的集聚系数。1967 年,Milgram 寄出了数百封信给内布拉斯加州的公众,并请求他们把信转交给某位相识的人,条件是对方必须是最有可能把信再转给波士顿一位股票经纪人手里的人。为了跟踪每一条不同的传送路径,Milgram 请求参与者在转寄信件的同时，也给他寄一张明信片。结果，Milgram 发现信件到达最终收信人之前平均要经过 6 个人之手(图 5-4)，即“六度分离(six degrees of separation)”(Milgram，1967)。1998 年，Duncan Watts 和 Steven Strogatz(1998)深入研究了现实系统拓扑结构的这一特性，认为小世界网络是从网络中任意一个节点出发，只需要通过相对较少的边就可以到达任意其他的节点。

Watts 和 Strogatz(1998)提出一种模型，用以刻画小世界网络的特征。如图 5-5 所示，从一个环形正则图开始，该正则图具有 N 个顶点，且每个顶点的度为 $d=2r$，按照概率 p 随机地重连每一条边。具体方法如下：沿着环形逐个访问正则图中每一个顶点；每个顶点都有 r 条边与其右边的邻居相连，以概率 p 重连这 r 条边，或者以概率 $1-p$ 维持现状，重连后的边不能与原边重合，一对顶点之间最多只能有一条边相连。注意整个重连过程没有改变节点的平均度。从 0 至 1 选取不同的概率值 p，重连后的图变得越来越无序(disorder)。当 $p=1$ 时，重连后的网络几乎变成一个随机网络，正如图 5-5 所描述的那样，此时网络的特征路径长度和集聚系数与完全随机网络相似。

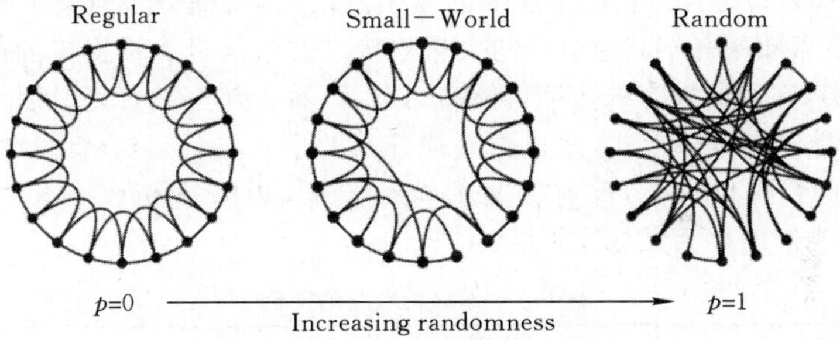

图 5-5　小世界是从正则图到随机图转化的过渡形式

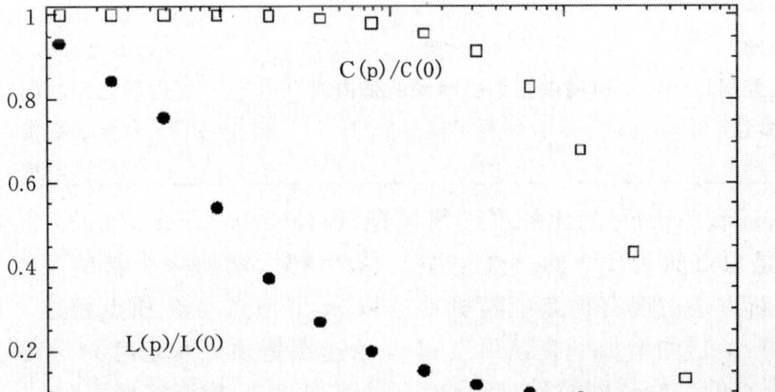

图 5-6　小世界网络特征参数变化过程示意图

这个模型的意义在于，从 $p=0$ 开始，重连概率 p 的一点微小增长就能导致特征路径长度的急剧下降，同时集聚系数几乎没有变化。也就是说，对于较小的 p 值，小世界模型的集聚系数 $C(p)$ 与正则图的集聚系数 $C(0)$ 在同一数量级上，同时它的特征路径长度 $L(p)$ 与随机图的 $L(0)$ 具有同一数量级。如图 5-6 所示。

5.1.5 无标度网络

无标度网络(Scale-free)指顶点的度分布服从幂律分布的网络。在现实世界中，很多网络(表 5-2)具有如下两种行为：①现实网络大多是处于不断增长的过程中。例如，电影演员合作网络通过新演员的加入而不断增长，WWW 通过添加新网页而不断增长，等等。②网络在增长过程中具有偏好依附特性。当构建随机网络时，以概率 p 添加一条新边是通过在所有的顶点中等可能地选取顶点对相连。然而，在现实网络的不断增长过程中，一个新顶点和一个连接度很大的顶点之间相连的概率更大，例如，新演员更可能与著名演员合作，而不是与不出名的演员合作；新论文更可能引用一篇已经被广泛引用的论文，等等。Albert Barabasi 和 Reka Albert(1999，2003)指出，在许多现实的复杂网络中，大部分节点只有少数几个连接，而某些节点却拥有与其他节点的大量连接。这些具有大量连接的节点称为集散节点(hub)，它们所拥有的连接可能高达数百、数千甚至数百万。因为集散节点的度分布函数具有幂律形式，而这种幂律分布的形式与分形(fractal)中的自相似(self-similarity)特点一样，没有明显的特征长度，所以 Albert Barabasi 和 Reka Albert 把该类网络称为无标度网络。

表 5-2　无标度网络的实例

网络名称	节点	边
组织代谢	消化食物以释放能量的分子	参与相同的生化反应
好莱坞	演员	出演同一部电影
因特网	路由器	光纤及其他物理连接
蛋白质调控网络	协助调控细胞活动的蛋白质	蛋白质之间的相互作用
研究合作	科学家	合作撰写论文
万维网	网页	超级链接

Barabási 和 Albert 的无标度网络模型(Barabási，Albert，2003)是：在初始时，$t=0$，网络是顶点数为 $N0$ 的一个空图。在 $t=1$ 时，添加一个新的顶点和 $m\leqslant N0$ 条边，这些新边是在现有顶点中随机地选取 m 个顶点与新顶点相连。如此类推，对于所有的 $t>1$，均增加一个新顶点和 m 条连接新顶点和现有 m 个顶点的新边，考虑到新顶点的偏好依附特性，新顶点与已有顶点 x_i 相连的概率为：

$$\frac{d(x_i)}{\sum_{j=1}^{N_{t-1}} d(x_j)}$$

其中 $d(x_i)$ 是顶点的度，N_{t-1} 是现有顶点数目。在时刻 t，网络的顶点数为 $N=N_{0+t}$，边数为 $M_t=mt$ 。这些线形行为意味着平均顶点度是个时间常数。

数值仿真实验表明，该模型最终进化为一个稳定的无标度网络，顶点度分布服从幂律，即 $P(d=k)\sim k^{-\gamma_{BA}}$，其中 $\gamma_{BA}=2.9\pm0.1$。

5.1.6　社团结构

社团结构(Community Structure)指整个网络是由若干个"社团"构成的，每个社团内部节点之间的连接相对紧密，但是各个社团之间的连接却比较稀疏(Newman,2003)(图 5-7)。社团结构广泛存在于现实的复杂网络中，例如社会网络中的社团代表根据兴趣或背景而形成的真实的社会团体(Girvan, Newman, 2002)，引文网络中的社团代表针对同一主题的相关论文(Redner, 1998)，万维网中的社团是讨论相关话题的若干网站(Albert, Jeong, Barabási., 1999; Barabási, Albert, Jeong, 2000; Broder et al., 2000)，生物化学网络或者电子电路网络中的社团可以是某一类的功能单元 (Jeong et al., 2000; Fell, Wagner, 2000)。复杂网络的社团结构分析已经成为当今一个非常具有挑战性的研究领域。

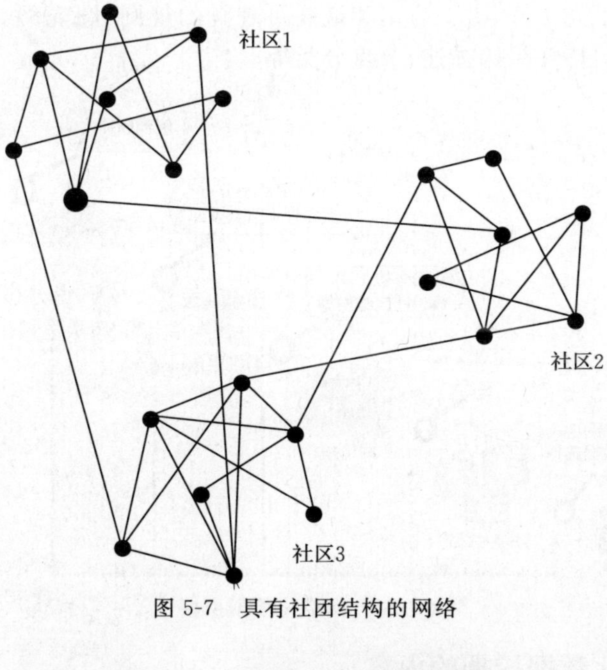

图 5-7　具有社团结构的网络

§5.2　网络化数据挖掘

网络技术的发展，使得 Internet 成为一个巨大的、分布广泛的、全球的信息发布、交互及获取的服务中心，数据丰富且密集，各种信息能够以非常低的成本在网络上获得。同时,网络是一个巨大的异构数据环境,数据类型复杂,没有特定的模型描述,每一个节点的数据各自独立设计,数据本身具有自描述性和动态可变性(张云涛,龚玲,2004;夏火松,2004)。现代社会的竞争趋势要求对Internet上大量产生和出现的信息进行实时、多视角、多层次的分析。虽然可以借助于强大的搜索引擎和搜索技术,但是用户在分析和使用这些信息时面临许多困难。例如,查询信息的查准率和查全率低,表现在返回很多不相关的结果和找不到相关的文档;不能了解用户的兴趣爱好,无法提供个性化服务;网络结构的不一致性、复杂性使它很难用系统的方法来利用信息;大多数搜索引擎仅仅用关键字查找,不具备机器学习和数据挖掘功能。因为网络是异质分布且不断增长的信息系统,对其挖掘并不是上述技术的简单综合,所以它需要在网络情境中,面向领域,研究用户可以主导的新数据挖掘技术。

5.2.1 网络化数据挖掘的概念

网络数据挖掘(networked data mining)是根据给定的任务,利用一定的理论技术,从网络中选取目标数据,基于网络描述数据,分析网络的度、介数和社团结构,发现网络中事先未知、潜在有用和最终可理解的规则(图5-8)。发现的规则有多种,例如网络的拓扑结构描述、节点分类等。

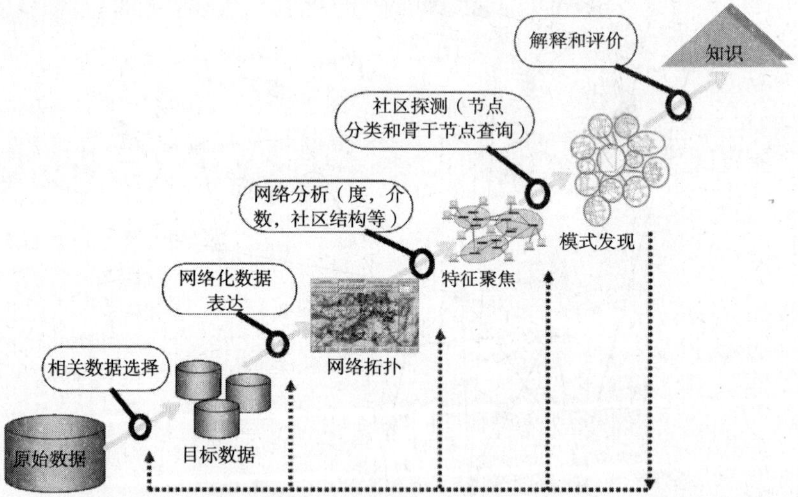

图5-8 网络化数据挖掘

5.2.2 网络化数据挖掘的内容

在计算机网络中,网络资源有HTML标记的Web文档数据、Web文档内的连接的结构数据和用户访问数据三种类型。相应地,有Web内容挖掘(Web content mining),Web结构挖掘(Web Structure mining)和Web使用的挖掘(Web usage mining)。表 5-3 给出了 Web 挖掘类型之间的关系。

表 5-3　三种挖掘类型之间的关系

挖掘内容	数据来源	数据形成	数据对象	搜索
内容挖掘	页面挖掘	文本	索引	页面集
结构挖掘	拓扑结构	超链	有向图	超链集
使用挖掘	访问形式	点击流	用户行为	日志数据

1. Web 内容挖掘

Web 内容挖掘是从文档内容或其描述中抽取知识的过程。Web 文档内容的挖掘,基于概念索引的资源发现,以及基于代理的技术都属于这一类。Web 内容挖掘有两种策略:直接挖掘文档的内容,或在其他工具搜索的基础上进行改进。采用第一种策略的有针对 Web 的查询语言 Web Log,Web SQL 等,利用启发式规则来寻找个人主页信息 Ahoy,等等。采用第二种策略的方法主要是对搜索引擎的查询结果进行进一步的处理,得到更为精确和有用的信息。属于该类的有 Web SQL,及对搜索引擎的返回结果进行聚类的技术等。

2. Web 结构挖掘

Web 结构挖掘是从 WWW 的组织结构和超链接关系中推导知识。由于文档之间的互连,WWW 能够提供除文档内容之外的有用的信息。由于 Web 中包含的结构信息处理起来比较困难,因此通常的 Web 搜索引擎等工具仅将 Web 看作是一个平面文档的集合,而忽略了其中的结构信息。Web 结构挖掘的目的在于揭示蕴含在这些文档结构信息中的有用的模式。

3. Web 使用挖掘

Web 使用挖掘的主要目标是从 Web 的访问记录中抽取感兴趣的模式。WWW 中的每个服务器都保留了访问日志(Web access log),记录了关于用户访问和交互的信息。分析这些数据可以帮助理解用户的行为,从而改进站点的结构,或为用户提供个性化的服务。这方面的研究主要有两个方向:一般的访问模式追踪和个性化的使用记录追踪。一般的访问模式追踪通过分析使用记录来了解用户的访问模式和倾向,以改进站点内的组织结构。而个性化的使用记录追踪则倾向于分析单个用户的偏好,其目的是根据不同的访问模式,为每个用户提供定制的站点。

§5.3　网络化数据挖掘的社团发现算法

一般地,社团可以包含模块、类、群、组等各种含义。许多实际的网络都具社团结构,揭示网络的社团结构有助于了解网络的结构和分析网络的特性,它在生物、物理、计算机图形学和社会学中都有广泛的应用(Girvan,Newman,2002;Gleiser,

Danon,2003)。事实上,在正式提出社团的概念之前,相关的研究已经有很长的历史了。

5.3.1　图分割

计算机科学中的图分割问题(Graph partition)(Garey,Johnson,1979)的一个典型例子是并行计算问题。假设有 n 个可以互相通信的计算机进程,它们分布在 g 个处理器上运行。每个进程不一定与其他所有进程直接通信,这些进程间的通信模式可以用一张图或者网络来抽象。图中的一个节点代表一个进程,而一条边则连接了一对需要直接通信的进程。现在的问题是,如何分配这 n 个进程到 g 个处理器上,使得每个处理器上运行的进程个数近似相等(负载平衡),同时处理器之间连接的边数最少,从而使得各个处理器之间的通信量最小(因为各个处理器之间的通信相对比较慢)。

5.3.2　分级聚类

社会学中的分级聚类(Hierarchical clustering)(Scott,2002)是寻找社会网络中社团结构的一类传统算法。根据往网络中添加边还是从网络中移除边,该算法又可以分为两类:凝聚(Agglomerative)算法和分裂(Divisive)算法。

凝聚算法的基本思想是用某种方法计算出各个节点之间的相似性,然后从相似性最高的节点对开始,往一个初始为 n 个节点并且没有边连接的网络中逐步添加边。这个过程可以终止于某一点,相应的网络组成就认为是若干个社团。在分裂算法中,一般是从所关注的网络着手,试图找到已连接的相似性最低的节点对,然后移除连接它们的边。重复这个过程,就逐步把整个网络分成越来越小的各个部分。同样地,可以在某种情况下终止,并且把此状态下的网络看作若干个社团。

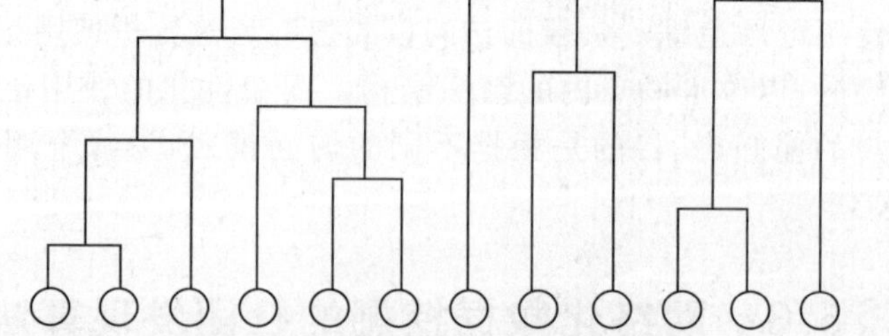

图 5-9　分级聚类方法通常采用树状图来记录算法的结果

通常用树状图来表示凝聚算法和分裂算法的流程,如图 5-9 所示,底部的各个圆代表了网络中的节点。对于凝聚算法,初始时网络中 n 个没有边相连接的节点对应树状图中的 n 棵(每棵仅由一个节点组成的)树,每添加一条边就相应地合并两棵树;分裂算法则恰好相反,我们是从树根开始逐步生成子树的,每当移除一条边并形成两个不连通的子图时,就产生两棵子树。当最终所有边都被移除的时候,整个树状图也就生成了 n 个叶子结点。沿着图 5-9 中的水平虚线从树的顶端下移,表示网络被逐步分裂成更小的社团,在树状图的任何一个位置用虚线断开,就对应着一种社团结构。

5.3.3　Kernighan-Lin 算法

Kernighan-Lin 算法是一种试探优化法(Kernighan,Lin,1970),它是基于贪婪算法的原理将网络划分为两个大小已知的社团的二分法。其基本思想就是为网络的划分引进一个增益函数 f,f 定义为两个社团内部的边数减去连接两个社团之间的边数,然后寻找使 f 值最大的划分方法。整个算法可描述如下:

首先,将网络中的节点随机地划分为已知大小的两个社团。在此基础上,考虑所有可能的节点对,其中每个节点对的节点分别来自两个社团。对于每个节点对,计算如果交换这两个节点可能得到的 f 的增益:$\Delta f = f$ 交换后 $- f$ 交换前,然后交换最大的 Δf 对应的节点对,同时记录交换以后的 f 值。规定每个节点只能交换一次。重复这个交换过程,直到某个社团内所有的节点都被交换过一次为止。需要注意的是,在节点交换的过程中,f 值并不一定是单调增加的。不过,即使某一步的交换会使 f 值有所下降,仍然可能在其后的步骤中出现一个更大的 f 值。当交换完毕后,就得到了最终的划分结果。

Kernighan-Lin 算法要求必须事先知道网络的两个社团的大小,这个缺陷使得它难以应用于对实际网络的分析。

5.3.4　谱平分法

基于 Laplace 矩阵的传统谱平分法。一个有 n 个节点的无向图的 Laplace 矩阵是一个 $n \times n$ 维的对称矩阵 L。其中,L 对角线上的元素 Lii 是节点 i 的度,其他非对角线上的元素 Lij 表示节点 i 和节点 j 的连接关系。如果这两个节点之间有边连接,则 Lij 值为 -1,否则为 0。也可以将矩阵 L 表示成 $L = K - A$,其中,K 是一个对角矩阵,其对角线上的元素就对应各个节点的度,A 为该网络的连接矩阵。L 矩阵所有行与列的和都为 0,因此,该矩阵总有一个特征值为 0,且其对应的特征向量为 $\xi = (1,1,1,\cdots,1)T$。可以从理论上证明,不为零的特征值所对应的特征向量的各元素中,同一个社团内的节点对应的元素是近似相等的,这是谱平分法的理论基础(Fiedler,1973; Pothen,Simon and Liou,1990)。

考虑网络社团结构的一种特殊情况:当一个网络中仅存在两个社团,也就是说该网络的 Laplace 矩阵 L 仅对应两个对角矩阵块的情况。我们知道,对一个实对称矩阵而言,它的非退化的特征值对应的特征向量总是正交的。因此,除最小特征值 0 以外，矩阵 L 的其他特征值对应的特征向量总是包含正、负两种元素。这样，当网络仅由两个社团构成时，就可以根据非零特征值相应的特征向量中的元素对网络的节点进行分类。其中，所有正元素对应的那些节点都属于同一个社团，而所有的负元素对应的节点则属于另一个社团。

在谱平分法中，我们是根据网络的 Laplace 矩阵的第二小特征值 $\lambda 2$ 的特征向量来划分社团的。当网络近似地分成两个社团时，用谱平分法可以得到非常好的效果。但是，当网络不满足这个条件时，谱平分法的优点就不能得到充分体现。此外，第二小特征值 $\lambda 2$ 还可以作为衡量谱平分法效果的标准：它的值越小，平分的效果越好。$\lambda 2$ 也称为图的代数连接度(Algebraic connectivity)。

一般情况下，计算一个 $n \times n$ 矩阵的全部特征向量的时间复杂度为 $O(n3)$。但是在大多数情况下，实际网络的 Laplace 矩阵是一个稀疏矩阵，可以用 Lanczos 方法快速计算主要的特征向量。该方法的时间复杂度大致为 $m/(\lambda 3-\lambda 2)$，其中，m 表示网络中边的条数。由此可见，计算的速度得到了很大程度的提高。但是，如果不能很快将 $\lambda 2$ 从其他特征值中分离出来，算法就可能在一定程度上有所减慢。换句话说，当网络很明显地分成两个社团时，该算法的速度非常快，否则该算法未必很有效。

传统的谱平分法最大的一个缺陷是它每次只能将网络平分。如果要将一个网络分成两个以上的社团，就必须对子社团多次重复该算法。针对这个问题，Wu 和 Huberman 提出了一种基于电阻网络电压谱的快速谱分割法(Wu, Huberman, 2004)。其基本思想是：如果将两个不在同一社团内的节点看成源节点(电压为 1)和终节点(电压为 0)，将每条边视为一个阻值为 1 的电阻，那么，在同一个社团内的节点，他们的电压值应该是比较接近的。因此，只要通过正确的方法找到源、终节点，选择一个合适的电压阈值，就可以得到正确的社团结构。Wu 和 Huberman 已经证明了该算法的时间复杂度只有 $O(m+n)$，是一种线性时间复杂度的算法。此外，该算法还可以在不考虑整个网络的社团结构的情况下，寻找一个已知节点所在的社团。但是，该算法与传统的谱分析算法一样，需要事先知道社团的数目。

为了克服这一缺陷，Capocci 等人在传统谱分析的基础上基于标准矩阵 $N=(k-1)A$ 提出了另一种谱平分算法(Capocci et al., 2005)。利用行标准化的转换可得，矩阵 N 的最大特征值总是等于 1，相应的特征向量就称为平凡特征向量。对于一个社团结构比较明显的网络，假设社团数目为 k，则矩阵 N 有 $k-1$ 个非常接近 1 的第一非平凡特征值，而其他的特征值都与 1 有明显的差距。而且，这 $k-1$ 个特征值所对应的特征向量中，同一个社团内的节点相应的元素值非常接近。因此，如果网络的社团结构比较明显，这些特征向量里面的元素分布就呈明显的阶梯状；而且，阶梯的等级数就等于社团的数目 k。那么，只要研究这些特征向量中的任意一个，就可以将网络划分为相应的 k 个社团。

5.3.5　GN 算法

Girvan 与 Newman 在 2002 年提出了 GN 算法。可是，社团与社团之间的边是 GN 算法中通信的瓶颈。为此，本节用边的介数(betweenness)衡量这种瓶颈。一条边的介数定义为网络中所有通过该边的最短路径的条数。边的介数越大，该边成为社团间通信的瓶颈的可能性越大。通过反复迭代，可以移除那些介数较高的边就能使整个网络分解为不相连的社团。图 5-10 为 GN 算法的执行过程，从左到右为逐步移去网络拓扑中介数最高的边后得到的不同阶段的社团结构。GN 算法的基本流程如下：

(1)计算网络中所有边的介数；

(2)找到介数最高的边并将它从网络中移除；

(3)重新计算所有受影响的边的介数；

(4)重复步骤(2)，直到网络中没有任何边，也就是每个节点都退化成一个社团为止。

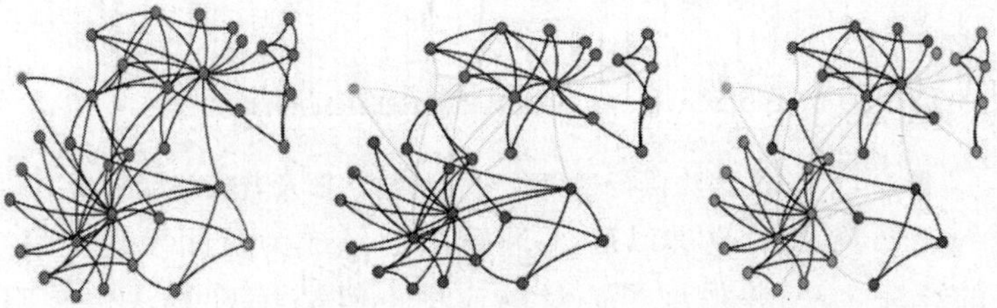

图 5-10　GN 算法的执行过程

GN 算法弥补了一些传统算法的不足，但是，在不知道社团数目的情况下，GN 算法也不知道这种分解要进行到哪一步为止。为解决这个问题，Newman 等人引入了一个衡量网络社团划分质量的标准——模块度(modularity)(Newman，Girvan，2004)。考虑某种划分形式，其相应的模块度定义为：

$$Q=\sum_{i=1}^{k}(e_{ii}-a_i^2)$$

其中，k 是社团的个数，e_{ii} 是第 i 个社团内部的边(两端的节点都在第 i 个社团中的边)占整个网络中所有边数的比例，a_i 是连接第 i 个社团内节点的边(对于只有一端的节点在社团 i 的边只算 0.5 条，两端的节点都在第 i 个社团的边才按一条算)占整个网络所有边数的比例。假如我们先去掉网络中的所有边，再随机地加入相同数量的边得到一个新网络，并保证新网络中每一个节点的度与原网络的一致，则 a_{i2} 的意义为：在这个新网络中按照原来的划分形式，第 i 个社团内部的边占所有边数的比例。于是 $e_{ii}-a_{i2}$ 就是社团 i 在原网络和新网络下其社团内部的边的比例之差，而模块度则是在所有社团上这个差值的和。随机产生的新网络与原网络相比，每个节点的度都是一样的，只是边的连接情况不同。如果原网络具有明显的社团现象，那么相同的划分形式在新网络中其社团现象将会变弱，即社团内部的边变少，社团之间的边变多，于是 e_{ii} 与 a_{i2} 之间会产生差值，所以模块度越大说明社团结构越明显。模块度的上限为 1，在具有社团现象的实际网络中，该值通常位于 0.3～0.9 之间。另外，对于随机网络或把整个网络就划分为一个社团时，模块度为 0。

与分级聚类的方法一样，可以把 GN 算法的执行过程用一个树状图表示。当沿着树状图逐步下移时，每移一步就计算该截取位置对应的社团结构的模块度，模块度的峰值点所对应的划分方案就是 GN 算法最终发现的社团结构（图 5-11）。

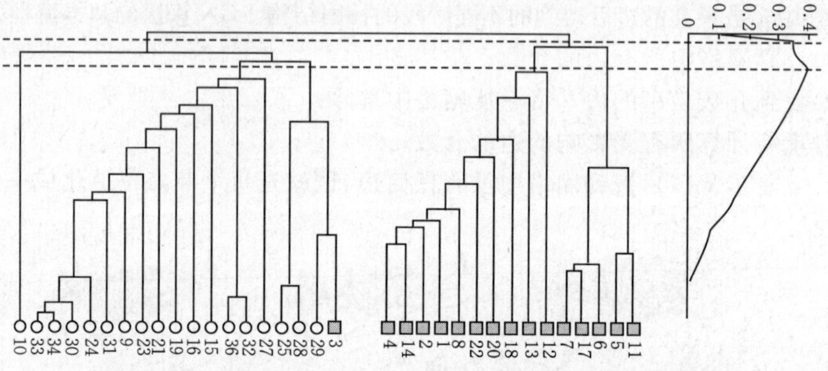

图 5-11 GN 算法执行过程所对应的树状图及其模块度分布

经过 Newman 等人的改进以后，GN 算法已经成为社团发现中最重要和被引用次数最多的算法之一，并得到了广泛的应用。但是，GN 算法也有明显缺点，其复杂度较高（$O(n3)$，n 为网络的节点数）。此外，该算法更适合于发现稀疏网络中的社团结构，对连接较密集的网络并不适合。

5.3.6 Newman 快速算法

虽然 GN 算法分析社团结构的效果比原有的一些算法要好得多，但是它的复杂度比较大，因此仅仅局限于研究中等规模的复杂网络。现在，对于 Internet、WWW 和电子邮件网络等的研究越来越多，而这些网络通常都包含几百万个以上的节点。在这种情况下，GN 算法就不能满足要求。基于这个原因，Newman 在 GN 算法的基础上提出了一种快速算法（Newman，2004）。与 Kernighan-Lin 算法类似，也采用了贪婪算法的思想，具体如下：

(1)初始化网络为 n 个社团，即每个节点就是一个独立的社团。此时模块度中的 e_{ij} 和 a_i 为：

$$e_{ij}=\begin{cases}1/2m & \text{如果节点 } i/j \text{ 之间有边相连}\\ 0 & \text{其他}\end{cases}$$

$$a_i=k_i/2m$$

其中 k_i 为节点 i 的度，m 为网络中总的边数。

(2)依次合并有边相连的社团对，并计算合并后的模块度 Q 的增量：

$$\Delta Q = e_{ij} + e_{ji} - 2a_i a_j = 2\,(e_{ij} - a_i a_j)$$

根据贪婪算法的原理，每次合并应该沿着使 Q 增大最多或者减少最小的方向进行。该步的算法复杂度为 $O(m)$。每次合并以后，将相应的元素 a_i 和 e_{ij} 更新，该步的时间复杂度为 $O(n)$。因此，步骤(2)总的时间复杂度为 $O(m+n)$。

(3)重复执行步骤(2)，不断合并社团，直到整个网络都合并成一个社团。易知，最多要执行 $n-1$ 次合并。

该算法的总复杂度为 $O((m+n)n)$，对于稀疏网络则为 $O(n2)$。整个算法完成后可以得到一个社团结构分解的树状图，如同 GN 改进算法一样，计算在不同位置断开时的模块度并选择模块度达到最大的点所对应的划分。与 GN 算法相比，Newman 快速算法在时间上有了很大的改善，而计算的效果亦不差。

§5.4　网络化数据挖掘的社团发现视角

许多实际网络都具有社团结构，即整个网络是由若干个"社团"构成的，每个社团内部节点之间的连接相对非常紧密，但是各个社团之间的连接却比较稀疏。通过社团发现自动搜寻或发现网络中的社团，有助于正确评价网络节点的重要性，并借此进行网络的骨干拓扑挖掘，更加有效地理解和开发这些网络。本节将研究社团结构分析领域中广泛使用的几个例子(刘欣，2007；Liu，Li，Wang，2007)。

5.4.1　人工随机网络

先来看一个在社团结构分析领域中广泛使用的人工随机网络(Newman，Girvan，2004)。此网络包含 128 个节点，被人为地分成了 4 个社团，每个社团含有 32 个节点。平均来说，每一个节点有 kin 条边与同社团的其他节点相连，有 k_{out} 条边与其他社团的节点相连，并且满足所有节点的平均度为 16，即 $k=k_{in}+k_{out}=16$。调整参数 k_{out} 的值，使其从零开始逐渐增大，这时同一个社团内节点的连边会越来越少，不同社团间的连边会越来越多，相应的社团现象就变得越来越不明显(见图 5-12)，因此要想发现社团也就变得越来越困难。

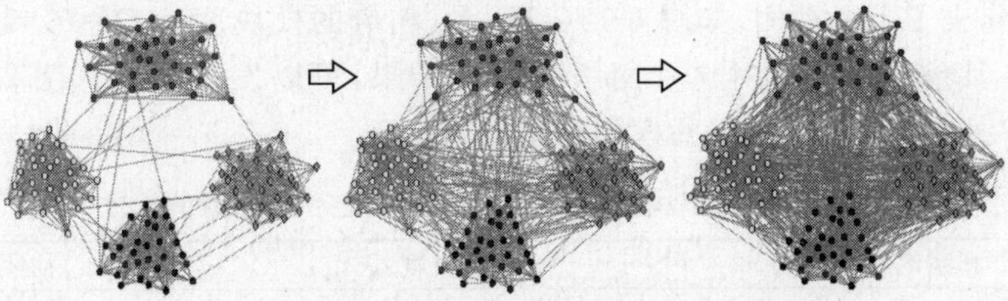

图 5-12　网络随着 k_{out} 逐渐增大的变化趋势

文献(刘欣,2007;Liu,Li,Wang,2007)提出的"基于社团结构的节点评价方法"与GN(Newman,Girvan,2004)算法得到的测试结果进行了比较,结果如图5-13所示。可以看到"基于社团结构的节点评价方法"算法的效果比GN算法要好,当$k_{out}/k \leqslant 0.3$时能够100%划分所有的社团;当k_{out}/k接近0.4时,准确率也高达97.5%;当$k_{out}/k \geqslant 0.45$时,节点的误分率才会迅速增加。事实上,当k_{out}/k接近0.5的时候,不同社团间的边数将会达到社团内边数的2/3,社团现象已经变得非常微弱,这也不难理解为什么我们的算法在这个时候失效了。

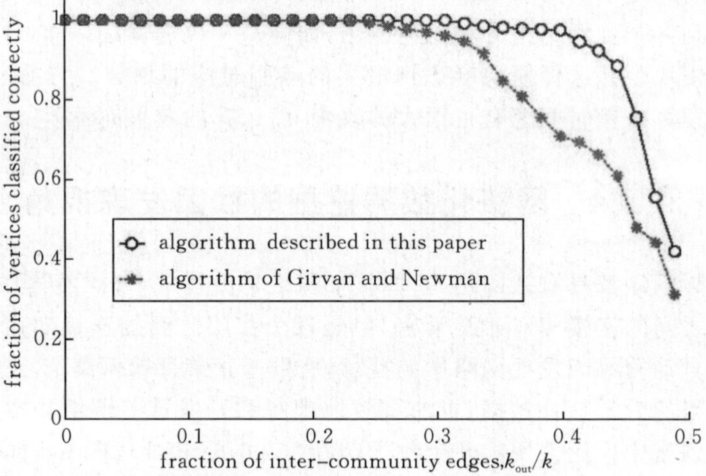

图5-13 两种算法在人工随机网络上正确划分节点的比率

5.4.2 空手道俱乐部成员间的关系网

20世纪70年代初期,Zachary用了两年的时间来观察美国一所大学中的空手道俱乐部成员间的关系网(Newman,Girvan,2004)。事有凑巧,在他调查过程中,该俱乐部分裂成了两个分别以主管和校长为核心的小俱乐部。如图5-14(b),节点1和节点33分别代表了俱乐部主管和校长,而黄色和绿色的节点也分别代表了分裂后的小俱乐部中的各个成员。

由于网络的规模不大(34个节点),所以不进行初始聚类操作。我们的算法最终把网络分成了4个社团,如图5-14(a)所示,相应的模块度为$Q=0.418\,803$。表5-4比较了其他一些算法对这个网络的划分结果,可以发现本节算法和EO算法(Duch,Arenas,2005)所取得的模块度是最大的。

表5-4 不同算法在空手道俱乐部网络上执行结果的比较

算法名称	模块度Q	社团数
N	0.371 8	2
EO	0.418 8	4

续表

算法名称	模块度 Q	社团数
GN	0.359 4	2
SA	0.414 3	4
CNE	0.418 8	4

算法的具体执行过程如下。第一次运行二分网络的遗传算法时，网络被分成了方形和圆形标示的两个社团(图 5-14(b))，这和 Newman 快速算法的结果一样，与实际的社团结构相比，只有节点 10 被分错了。当继续运用遗传算法对第一次得到的两个子网络进行划分的时候，模块度分别得到了 0.016 8 和 0.030 2 的增益，按照二分策略的规则应该接受这两个划分的结果，故网络最终被分成了 4 个社团。表 5-4 中的 N 代表 Newman 在 2004 年提出的 Newman 快速算法(Newman, 2004)，EO 代表 Duch 和 Arenas 在 2005 年提出的极值优化算法(Duch，Arenas，2005)，GN 代表 Girvan 和 Newman 的 GN 算法(Newman，Girvan，2004)，SA 代表 Guimerà Amaral 在 2005 年提出的模拟退火算法(Guimerà，Amaral，2005a，2005b)，CNE 是本节提出的“基于社团结构的节点评价方法”算法(刘欣，2007；Liu，Li，Wang，2007)。

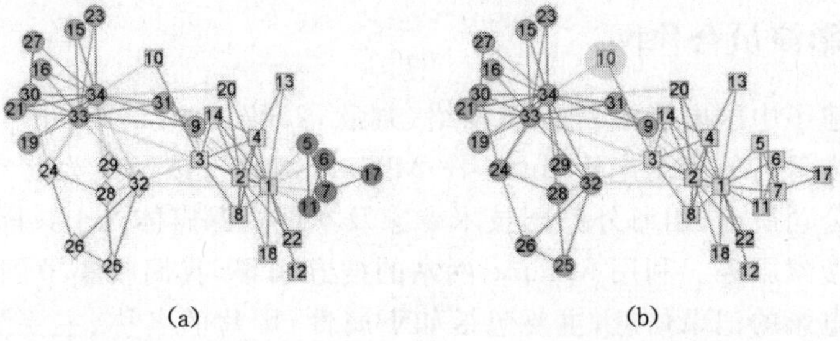

图 5-14　空手道俱乐部网络的社团发现结果

5.4.3　海豚关系网

再来看一个动物社会的网络。Lusseau 在对栖息在 Doubtful Sound 的宽吻海豚进行的长达 7 年的观察中发现了一个由两个家族组成的包含 62 只宽吻海豚的群体(Lusseau et al.，2003；Lusseau，Newman，2004)。后来 Lusseau 绘制了一个海豚的网络，网络中的节点代表海豚个体，如果两个节点之间有边连接表示这两个海豚之间的接触比较频繁。这个网络如图 5-15 所示，图中虚线上下的两部分就是这两个海豚家族，即海豚网的自然社团结构。应用我们的算法，最终把海豚网分成了 4 个社团(图 5-15 中分别用 4 种不同的颜色或形状表示)。值得一提的是，处于左上角的社团与真实网络中的那个较小的海豚家族几乎是相同的，只是比真实的家族多了一个 39 号海豚。对于这个网络，GN 算法得到了 5 个社团，其模块度比

“基于社团结构的节点评价方法”中的稍小(刘欣,2007;Liu,Li,Wang,2007)。

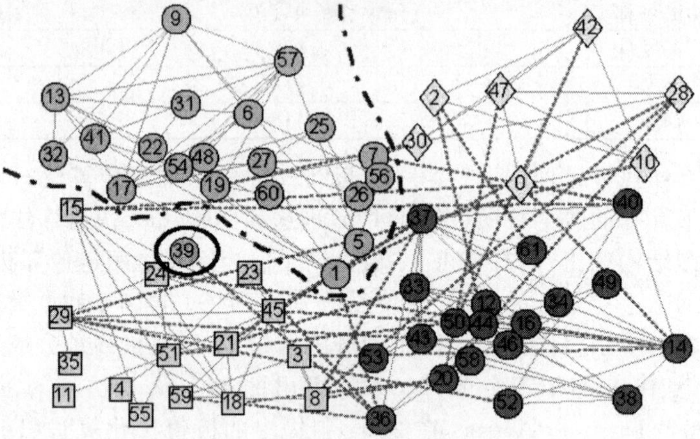

图 5-15 海豚关系网的社团发现结果

Lusseau et al.(2003)称,第 36 号海豚曾经消失了一段时间,导致两个家族之间的接触迅速减少,不过此后 36 号海豚再次出现,两个家族又恢复了往日的关系。由此可见,第 36 号海豚在这两个家族之间的联系上起了非常重要的枢纽作用。

5.4.4 电影演员合作网

本节构建了中国电影演员合作网络(刘欣,2007;Liu,Li,Wang,2007)。该数据来源于国内著名的网络电影社团——MTime 网站。该网站为北京动艺时光网络科技有限公司所有,由海外归国技术专家及本地资深媒体人士共同创建,提供电影资料库的搜索服务。利用 MTime 网站的搜索引擎,我们收集了国内(大陆、港、澳、台)拍摄电影的记录信息,主要包括如下属性:影片的名称、主要演员的名字和他们的性别。在所构建的网络中,每一位演员用一个节点代表,不同的演员只要共同出演过一部电影,他们之间就存在一条无向无权的边(简单起见,并没有区分演员在电影中戏份的多少)。

在此,着重关注 2006 年的电影网络。经过初步分析,发现它是一个不连通的网络,表 5-5 列出了网络的基本组成情况。其中的最大连通子图的度分布如图 5-16 所示,表 5-6 列出了这个最大连通子图的统计参数,可以看出它具有无标度和小世界的性质。

表 5-5 2006 年中国电影网络的组成情况

节点总数	网络的非连通子图													子图总数
816	子图中节点个数	463	24	11	10	8	7	6	5	4	3	2	1	131
	子图数目	1	1	2	1	2	2	1	4	8	22	56	31	

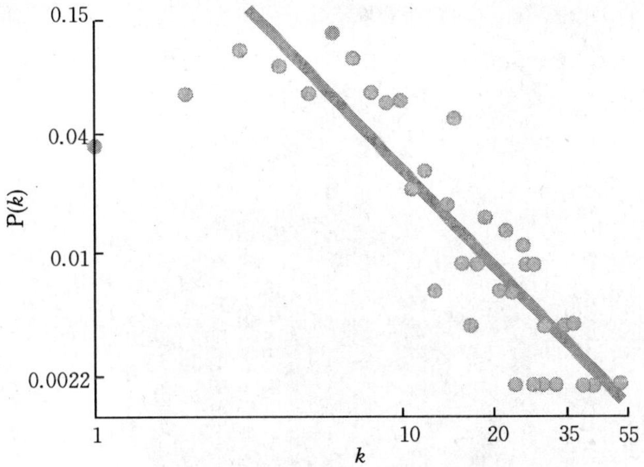

图 5-16　电影网中最大连通子图的度分布

表 5-6　2006 年中国电影网络最大连通子图的统计性质

节点数	边数	度分布斜率	网络直径	平均路径长度	聚类系数
463	2 091	−1.243 2	11.000 0	4.011 8	0.819 4

对这个最大连通子图，GN 算法取得模块度最大值 0.635 824 时相应的社团数是 42(图 5-17)。使用本节提出的“基于社团结构的节点评价方法”算法，模块度提高了近 0.01(达到 0.644 371)，并且社团数只有 35 个，图 5-18 描述了文献算法识别出的社团(用 35 种不同的颜色表示)。

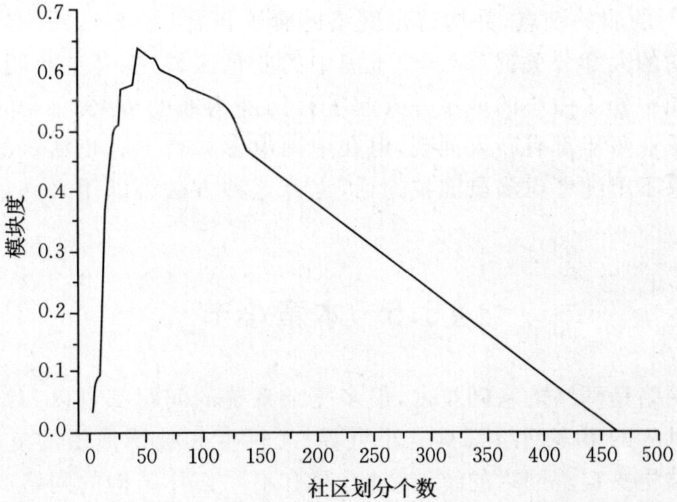

图 5-17　用 GN 算法求解最大连通子图时所对应的模块度曲线

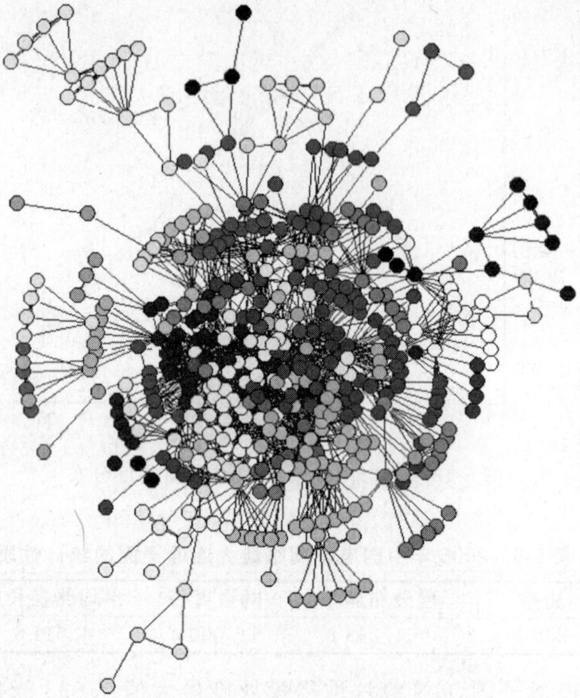

图 5-18 本节提出的算法在最大连通子图中识别出的 35 个社团

本节对所有 35 个社团中的节点分别进行了评价，然后按照社团的规模在每个社团内保留一定数量 P-score 比较大的节点以及这些节点之间的连边，从而忽略网络中 90%的非关键点，并构建出网络的骨干拓扑(图 5-19)。有趣的是，其发现骨干拓扑中的大部分关键节点(位于图中的蓝色区域)都是港台明星，正是他们在各自的社团中处于中心的地位并架起了社团间沟通的桥梁。同样也可以得出，尽管目前娱乐业每年都有新人涌现，但在中国电影舞台上真正活跃的还是一些大碗明星。如果不单纯考虑演员演技的话，也许这种方法可以用来衡量电影演员的人气指数。

§5.5 本章小节

计算机网络是网络的基础技术，很多复杂系统的问题都可以归结为复杂网络问题。现实世界的很多网络都具有小世界、无标度和社团抱团的复杂网络特性。网络的拓扑结构决定着网络的统计特性，具有不同拓扑结构的网络产生了不同的网络模型等等。通过社团发现自动搜寻或发现网络中的社团，有助于正确评价网络节点的重要性，更加有效地理解和开发这些网络。

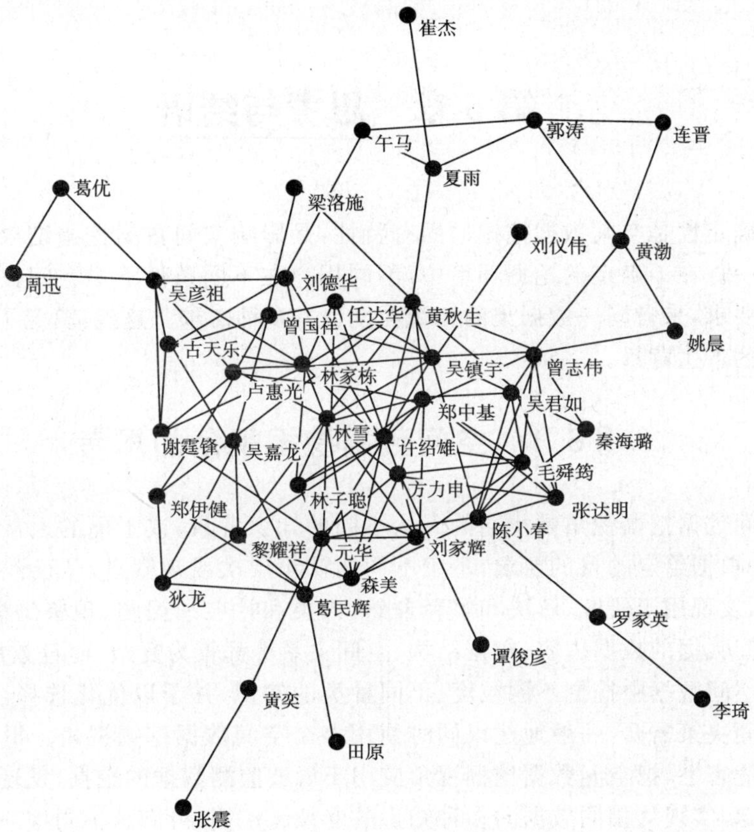

图 5-19　中国电影网的骨干拓扑

第6章　思考与结语

不确定性是空间数据挖掘的固有特性，是影响空间数据挖掘结果优劣的重要因素之一。在不确定的挖掘环境中，不同用户在不同条件下对空间数据挖掘具有不同的要求，来自同一数据集的知识粒度也有多种需求。这些，奠定了空间数据挖掘视角的产生背景。

§6.1　空间数据挖掘视角的思考

空间数据挖掘视角是相同的人从不同的知识背景，或不同的人从相同的知识背景下，根据给定的目的要求，基于不同的认识层次或观察点，从已经获得的空间数据中，发现用于研究、解决和解释自然、人类和社会的问题、现象的模式的角度。由于空间数据的数据内容、数据结构、空间关系等都较为复杂，而且数量巨大，因此为了在空间数据中挖掘不同粒度、不同种类的知识，并予以优化选择，满足不同层次的空间决策需要，一般地建议同时使用多个空间数据挖掘视角。滑坡灾害具有极大的危害性，把空间数据挖掘视角应用于滑坡监测数据的挖掘，发现多种层次的不同知识，实现从相同数据向多种知识的变粒度挖掘，可满足不同用户的需求。而且，不同层次知识之间的相互转化，以及规则和例外的共同挖掘，则揭示了空间数据挖掘的深层机理。多个节点相连组成网络，计算机网络是网络的基础技术。网络复杂性是问题复杂性的表现，很多复杂系统的问题都可以归结为复杂网络问题。实践证明，现实世界的很多网络都具有小世界、无标度和社区抱团的复杂网络特性。网络化数据挖掘视角在网络空间中，基于网络情境的拓扑结构，研究数据挖掘视角，具有现实意义。

§6.2　空间数据挖掘视角的决策思考

此外，决策是从理论到实践，对应一个自知识而数据的决策层次；而空间数据挖掘是从实践到理论，对应一个自数据而知识的认识层次。

数据挖掘视角在空间决策中反映了决策者在不同认知层次上对事物的把握和理解。决策是学问，也是艺术，含有很多不确定性，面对同样数据反映的相同问题，不同的决策者从相同的角度认识，或同一个决策者从不同的角度分析，皆可能得到不同的知识，判断制定出不同的决策，并在实施后导致不同的结果(Swann et al.,

2004)。决策境界决定了认知的高度，不同决策者在不同层次上的决策行为，实质就是用不同的数据挖掘视角观察分析数据信息，在不同观察距离上看同一批数据和数据的组合，最终得到基于不同知识背景的决策。增加观察距离，是归约数据的数据挖掘视角，忽略细微的差别，寻找共性。共性常常比个性更深刻，可以求得宏观的把握。相反，缩短观察距离，则是细化数据的数据挖掘视角，发现纷繁复杂的表象，更准确地区分个性差别。个性要比共性丰富，但是不能完全进入共性之中，可以求得微观的理解。例如，国家对土地利用现状调查的空间数据增加观察距离，可宏观把握全国的土地利用现状，而缩短观察距离可观察某省某市的调查数据，再缩短则可看到每个地块的土地利用状况(Dale，and Mclaughlin，1999；谌作霖和王树良，1998)。

在数据挖掘中，它们反映的是数据挖掘视角的层次不同；而在决策中，它们体现的则是决策者的层次不同。对同样的一堆数据所反映的问题，数据挖掘视角和决策者在层次上同时具有的差异，说明二者存在本质上的一致性，可以基于数据挖掘视角，研究不同层次的决策者在相同数据环境下所可能做出的不同决策行为。

多层次空间决策需要变视角空间数据挖掘。空间数据挖掘是一种知识决策支持技术，目的是帮助人们有效利用空间数据，提高决策的准确性和可靠性。因为空间决策是从理论到实践，对应一个自知识而数据的决策层次，而空间数据挖掘是从实践到理论，对应一个自数据而知识的认知层次，所以基于多个不同层次的挖掘视角，空间数据挖掘可把每个定量的精确数据的作用，在不同的认识层次上浓缩到定性的决策思维中。若以遥感影像数据挖掘为例，则高层的决策者是宏观的，把握方向，可能只是一句话；中层的决策者是中观的，带有一定的技术性，可能对影像的分类感兴趣，内容要求可能较多；底层的决策者，可能是技术型的，就要落实到影像中地物的波谱特征和空间拓扑关系。同时，不同的决策者能够从相同的视角认识，同一个决策者也能够从极不相同的视角分析。他们不仅都能够在不同的视角世界中往返自如，而且可以相互沟通交流，求同存异。各个层次决策的共同目标，都是为了解决问题，只是表达解决方案的形式不同而已。这些决策差异及其趋同，反映了人的认知的差异，要求支持决策的空间数据挖掘必须具有多种视角，并且能够相互转化。

在多层次决策中，随机性和模糊性常常并存。决策是一个多参数、非线性、时变的不稳定工程系统，而且，系统中的事物、概念、实体或现象等基本都同时具备多种不确定性。其中，随机性和模糊性又是这种不确定性的主要内容。同时，在决策中随机发生的事件也经常含有模糊性，并受事件随机性的作用。在多层次决策体系中，无论汇总上达，还是贯彻下行，都是随机性和模糊性并存的不确定。从低层决策逐渐到高层决策，决策行为越来越概括、抽象和定性，某些基层细节信息，可能被迫随机地省略，趋于模糊。当高层决策者根据汇总的数据，理解被省略的基层细节信息时，就难免困惑，出现与事实的不符甚至错误。同理，从高层决策逐渐到低层决策，决策行为越来越详细、具体和定量，某些高度概括的模糊指示，可能要求被随机地领会阐释，才能予以贯彻执行。当低层决策者根据上级领导的指示(有时是一句话)，理解精神，落实到基层细节信息时，就难免随机地出现各种各样的主观臆断。在基层数据逐层向上的汇总过程中，或在高层指示向下的贯彻执行过程中，都存在这样那样的问题，例如，无视基层现实的盲目决策、欺上瞒下的官僚作风、歪曲高层正确指示的变相执行，也造成了很多不良后果，甚至严重的损失。其中原因之一，就是没有使用合适的方法处理控制随机性和模糊性并存的问题。目前，针对随机性的概率统计，始终没有脱离其数理统计的"硬计算"数学基础，难以被用于研究"面积很大"等定性概念的模糊性。针对模糊性的模糊集，其模糊隶属函数概念的实质以及具体确定方法也始终没有定论。而且，二者都不能处理随机性和模糊性同时并存的情况(Li,1997)。

因此，基于挖掘视角的多层次决策，描述不同层次的决策者在相同数据环境下所可能作出的不同决策行为。它在决策中统一主观思维和客观计算、利用有限样本认识母体、兼顾随机性和模糊性，能够满足不同层次的决策要求，具有较高的理论价值、较强的现实意义和较好的应用前景。

§6.3 结语

书即付印，蓦然回首，感恩顿涌心头。

首先，衷心地感激导师中国科学院院士、中国工程院院士、国际欧亚科学院院士李德仁教授，中国工程院院士李德毅教授，王新洲教授，史文中教授。四位导师敏捷的思维、渊博的学识、高屋建瓴的学术视野、实事求是的治学态度、执着的人生信念和宽以待人的品质，引导我得以在空间数据挖掘的道路上，逐步前进。他们不仅在学术上对我精心培养，严格要求，而且在生活上给予了我热心和无私的关怀。我的每一点进步，都倾注了他们无数的心血。每次身临四位导师的教诲，都令我的研究步入一个崭新的境界，获益至深。四位导师的每一言行，我至今都记忆犹新，并将受益终生。

感谢李德仁院士和李德毅院士收我为徒，使我非常幸运地成为建树非常卓著的两兄弟院士共同指导的学生。

导师李德仁院士为我提供了各种学习机会，准确地把握了我的研究和成长方向，及时纠正了我的错误思路，倾注了无尽的心血。他对国家和人民的深爱之情，也深深地在我内心扎根。"认认真真治学，老老实实为人，踏踏踏实实进步，谦虚谨慎，精益求精"，是导师李德仁院士对我的教诲，更是我一生的财富，我将铭记终生。他在阅毕本书后，不仅给予了具体指导意见，而且欣然作序。

导师李德毅院士具体指引我步入数据场和云模型的治学殿堂，并从自己的研究成果中为我挑选了很多宝贵的参考资料。他在百忙中利用一切机会给予我具体教导，国际会议的会场、出差的间隙、赴飞机场的车内、电话内等都成了我学习的课堂。

导师王新洲教授把我从本科生逐步培养为免试硕士研究生、提前免试博士研究生，言传身教，有求必应，倾情培育。在他的指导和激励下，我才能够从大学二年级参加国家自然科学基金课题开始，在治学的道路中一点一滴地成长积累至今。但是，王老师现在却走了！呵护我的王老师走了！

导师史文中教授在我赴香港学习期间，手把手教会我空间数据不确定性的研究途径、英文学术论文的写作和跟踪国际水平的方法，给予了我很多参考文献，更使我彻底解脱了多年来的求学心理负担。

感谢敬爱的师母朱宜萱教授、娄子勤老师、胡群老师、张敏文老师所给予的母亲般的帮助和关爱，尤其感谢师母朱宜萱教授的雪中送炭。感谢陈永奇教授和王腊芝老师的无私帮助和关爱。感谢谌作林教授及师母对我学习和生活的无私教导和帮助。

感谢亲爱的母亲、姐姐、哥哥，她们用贫瘠的双手将我培养至今。一分、一角、一元的积攒，才成就了我的今天。特别感谢我的妻子袁汉宁，在最紧张的论文写作阶段，她身为女朋友所给予的鼓励、帮助和理解。同时感谢岳母彭明珍女士对我学习和生活的无微不至照顾。感谢女儿王楷源带给我的欢乐。

最后，请允许我以此书纪念自己已经辞世的父亲和王新洲导师！

博士不是结束，而是一个新的、更为艰巨的开始，至今思来，感触甚深。

参 考 文 献

[1] 邸凯昌,2001.空间数据发掘和知识发现 [M].武汉:武汉大学出版社.

[2] 方锦清,汪小帆,刘曾荣.2004.略论复杂性问题和非线性复杂网络系统的研究 [J]. 科技导报,2.

[3] 李德仁,王树良,李德毅.2006.空间数据挖掘理论与应用 [M].北京:科学出版社.

[4] 李德仁,王树良,李德毅,王新洲.2002.空间数据挖掘和知识发现理论与方法的研究[J].武汉大学学报·信息科学版,27(3):221-233.

[5] 李德仁，王树良，史文中，王新洲.2001.论空间数据挖掘和知识发现[J].武汉大学学报·信息科学版,26(6):470-481.

[6] 李德毅,刘常昱.2004.论正态云模型的普适性 [J].计算机学报.

[7] 刘欣.2007.复杂网络拓扑结构的分析方法研究 [D].武汉大学硕士学位论文.

[8] 李春光.2004.复杂网络建模及其动力学性质的若干研究 [D].电子科技大学博士学位论文.

[9] 史文中,王树良.2002.GIS 中属性不确定性的处理方法及其发展[J].遥感学报,6(5):393-400.

[10] 谌作霖,王树良.1998.土地管理学 [M].武汉:武汉大学出版社.

[11] 王树良. 2002. 基于数据场与云模型的空间数据挖掘和知识发现 [D].武汉:武汉大学.

[12] 王树良,等.2004.滑坡监测数据挖掘视角 [J].武汉大学学报·信息科学版,29(7):608-610.

[13] 吴金闪,狄增如. 2004. 从统计物理学看复杂网络研究 [J].物理学进展,24(1): 18-46

[14] 徐绪笃,等.1988.物理学教程 [M].北京:高等教育出版社.

[15] 夏火松.2004.数据仓库与数据挖掘技术 [M].北京:科学出版社.

[16] 张云涛.龚玲.2004.数据挖掘原理与技术 [M].电子工业出版社.

[17] 周涛,柏文洁,汪秉宏,等.2005.复杂网络研究概述[J].物理,34(01).

[18] ALBERT R,JEONG H,BARABÁSI A L. 1999. Diameter of the world-wide web [J]. Nature,401:130-131.

[19] ARTHURS A M. 1965. Probability Theory [M]. London: Dover Publications.

[20] ASPINALL R J,MILLER D R,RICHMAN A R. 1993. Data quality and error analysis in GIS: measurement and use of metadata describing uncertainty in spatial data [C]// Proceedings of XIIIth Annual ESRI User Conference. Palm Springs:79-290.

[21] ALEIX M MARTINEZ. 2003. Recognizing Expression Variant Faces from a Single Sample Image per Class. Department of Electrical Engineering[C]// Proceedings of IEEE Computer Vision and Pattern Recognition (CVPR).

[22] AWREJCEWICZ J. 1989. Bifurcation and chaos in simple dynamical systems [M]. Singapore: World Scientific.

[23] BARABÁSI A L. ALBERT R 1999. Emergence of scaling in random networks [J]. Sci-

ence. 286: 509-512.

[24] BARABÁSI A L. ALBERT R. H JEONG. 2000. Scale-free characteristics of random networks: The topology of the World Wide Web [J]. Physica A, 281: 9-77.

[25] BARABÁSI A, BONABEAU E. 2003. Scale-Free Networks [J]. Scientific American, 288: 60-69.

[26] BARABÁSI A L. 2003. Linked[M]. A PLUME BOOK.

[27] BONIN O. 1998. Attribute Uncertainty Propagation in Vector Geographic Information Systems: Sensitivity Analysis[C]//Proceedings of the 10th International Conference on Scientific and Statistical Database Management. Capri: IEEE Computer Society: 254-259.

[28] BONIN O. 2000. New Advances in Error Simulation in Vector Geographical Databases [C]//Accuracy 200. Amsterdam: The Netherlands: University of Amsterdam: 59-65.

[29] BRODER A, et al. 2000. Graph structure in the web [J]. Computer Networks, 33: 309-320

[30] BRUNK C. KELLY J KOHAVI R. 1997. MinSet: An integrated system for data mining [C]//Proceedings of 3rd International Conference on Knowledge discovery and Data Mining. Newport Beach: 135-138.

[31] BURROUGH P A, FRANK A U. 1996. Geographic Objects with Indeterminate Boundaries [M]. Basingstoke: Taylor and Francis.

[32] CAPOCCI A, SERVEDIO V D P. 2005. Detecting communities in large networks [J]. Physica A. 352(2-4): 669-676.

[33] CRESSIE N. 1991. Statistics for Spatial Data [M]. New York: John Wiley and Sons.

[34] DALE P F, MCLAUGHLIN J D. 1999. Land Administration[M]. London: Oxford University Press.

[35] DU Y, Li D Y. 2001. Cloud-based concept division and its application in associated rule mining [J]. Journal of Software, 12(2): 196-203.

[36] DUNCAN T. 1994. Advanced Physic[M]. London: John Murray.

[37] DOROGOVTSEV S N, MENDES J F F. 2003. Evolution of Networks, from Biological Nets to the Internet and WWW [M]. London: Oxford University Press.

[38] DUCH J, ARENAS A. 2005. Community detection in complex networks using extremal optimization [J]. Physical Review E. 72: 027104.

[39] ESTER M, et al. 2000. Spatial data mining: databases primitives, algorithms and efficient DBMS support [J]. Data Mining and Knowledge Discovery, 4: 193-216.

[40] ERDÖS P, RÉNYI A. 1960. On the evolution of random graphs [J]. Publ. Math. Inst. Hung. Acad. Sci. 5: 17-60.

[41] FAYYAD U M, et al. 1996. Advances in Knowledge Discovery and Data Mining [M]. Menlopark: AAAI/MIT Press.

[42] FANG WU, BERNARDO A. 2004. Finding communities in linear time: a physics approach [J]. Eur Phys J B, 38(2): 331-338.

[43] FALOUTSOS M, FALOUTSOS P, FALOUTSOS C. 1999. On Power-law Relationships of

the Internet Topology [J]. Comp. Comm. Rev. 29:251-262.

[44] FELL D A, WAGNER A. 2000. The small world of metabolism [J]. Nature Biotechnology 18:1121-1122.

[45] FIEDLER M. 1973. Algebraic connectivity of graphs [J]. Czech Math J. 23 (98): 298-305.

[46] FISHER P F. 1991. Modeling soil map-unit inclusions by Montecarlo simulation [J]. International Journal of Geographical Information Systems, 5(2): 193-208.

[47] GANTER J H. 1988. Interactive graphics: linking the human to the model[C]//Proceedings of GIS/LIS 88:230-239.

[48] GAREY M R, JOHNSON D S. 1979. Computers and Intractability: A Guide to the Theory of NP-Completeness Freeman.

[49] GIRVAN M, NEWMAN M E J. 2002. Community structure in social and biological networks[C]//Proceedings of Natl. Acad. Sci.: 7821-7826.

[50] GLEISER P, DANON L. 2003. Community structure in jazz [J]. Advances in Complex Systems, 6(4): 565-573.

[51] GOODCHILD M F. 1995. Attribute accuracy[C]//Elements of Spatial Data Quality. New York: Elsevier Scientific: 139-151.

[52] GUPTILL S C, MORRISON J L. 1995. Elements of Spatial Data Quality[M]. New York: Elsevier Scientific.

[53] GUIMERÀ R, AMARAL L A N. 2005a. Cartography of complex networks: modules and universal roles [J]. Journal of Statistical Mechanics-Theory and Experiment.

[54] GUIMERÀ R, AMARAL L A N. 2005b. Functional cartography of complex metabolic networks [J]. Nature, 433: 895-900.

[55] HAINING R. 2003. Spatial Data Analysis: Theory and Practice [M]. Cambridge: Cambridge University Press.

[56] HAN J, KAMBER M. 2001. Data Mining: Concepts and Techniques [M]. San Francisco: Academic Press.

[57] HERNÀNDEZ M A, STOLFO S J. 1998. Real-world data is dirty: data cleansing and the merge/purge problem [J]. Data Mining and Knowledge Discovery, 2: 1-31.

[58] HUNTER A. 1996. Uncertainty in Information Systems [M]. London: The McGraw-Hill Companies.

[59] JEONG H, et al. 2000. The large-scale organization of metabolic networks [J]. Nature, 407: 651-654.

[60] KERNIGHAN B W, LIN S. 1970. An efficient heuristic procedure for partitioning graphs [J]. Bell System Technical Journal, 49: 291-307.

[61] KIM W, et al. 2003. A taxonomy of dirty data [J]. Data Mining and Knowledge Discovery, 7: 81-99.

[62] KOPERSKI K, HAN J. 1995. Discovery of spatial association rules in geographic information databases[C]//Proceedings of the 4th International Symposium on Large Spatial Data-

bases. Portlan:47-66.

[63] LEVIS A H,ATHANS M. 1988. The quest for a C3 theory: dreams and realities[C]// Science of Command and Control: Coping with Uncertainty. Fairfax: AFCEA International Press.

[64] LAWRENCE S,et al. 1997. Face recognition:a convolutional neural-network approach [J]. IEEE Transactions on Neural Networks,8 (1):98-113.

[65] Li D R,Wang S L. 2007. Spatial data mining and knowledge discovery[C]//Advances in Spatio-Temporal Analysis,Taylor and Francis,5:1-11.

[66] LI D Y. 1997. Knowledge representation in KDD based on linguistic atoms [J]. Journal of Computer Science and Technology,12(6):481-496.

[67] LIU X,LI D Y,Wang S L. 2007. Effective algorithm for detecting community structure in complex networks based on GA and clustering[C]//Lecture Notes in Computer Science, 4488:657-664.

[68] LODWICK W A,et al. 1990. Attribute error and sensitivity analysis of map operations in GIS:suitability analysis[J]. International Journal of Geographical Information Systems, 4 (4):413-428.

[69] LUSSEAU D,et al.. 2003. The bottlenose dolphin community of doubtful sound features a large proportion of long-lasting associations-Can geographic isolation explain this unique trait? [J]. Behavioral Ecology and Sociobiology,54:396-405.

[70] LUSSEAU D,NEWMAN M E J. 2004. Identifying the role that animals play in their social networks[C]//Proceedings of the Royal Society of London Series B-biological Sciences, 271:477-481.

[71] MCMASTER S. 1996. Assessing the impact of data quality on forest management decisions using geographical sensitivity analysis[C]//GISDATA'96 Summer Institute.

[72] MILGRAM S. 1967. The small world problem[J]. Psychology Today,60-67.

[73] MIKHAIL E M, ACKERMANN F. 1976. Observations and Least Squares [M]. New York: IEP-A Dun-Donnelley Publisher.

[74] MILLER H J,HAN J. 2001. Geographic Data Mining and Knowledge Discovery [M]. New York: Taylor and Francis.

[75] MISHRA J K,et al. 1999. Remotely Sensed Data Based Information System: Considerations for Uncertainty,Errors and Limitations[C]// Proceedings of the International Symposium on Spatial Data Quality'99. Hong Kong:Department of Land Surveying & Geo-Informatics. The Hong Kong Polytechnic University:605-615.

[76] MOTRO A. 1995. Sources of uncertainty in information systems[C]// Uncertainty Management in Information Systems. London:Kluwer Academic Publishers.

[77] NEFIAN A V. HAYES M H. 1998. Face detection and recognition using hidden Markov models [C]// Proceedings of IEEE Conference on Image Processing. Chicago:141-145.

[78] NEWMAN M E J. 2003. The structure and function of complex networks [J]. Slam Re-

view. 45:167-256.

[79] NEWMAN M E J,GIRVAN M. 2004. Finding and evaluating community structure in networks [J]. Phys Rev E. 69 (2): 026113.

[80] N NEWMAN M E J. 2004. Fast algorithm for detecting community structure in networks [J]. Phys Rev E. 69 (6): 066133.

[81] Nino B. 2004. Modeling Complex Systems [M]. London: Springer.

[82] PAWLAK Z. 1991. Rough sets: theoretical aspects of reasoning about data [M]. London: Kluwer Academic Publishers.

[83] POTHEN A,SIMON H D, LIO K P U. 1990. Partitioning sparse matrices with eigenvectors of graphs [J]. SIAM J. Matrix Anal. Appl.. 11(3): 430-452.

[84] REDNER S. 1998. How popular is your paper? An empirical study of the citation distribution [J]. Eur. Phys. J. B. 4: 131-134.

[85] SCOTT J. 2002. Social network analysis: A Handbook[M]. London: Sage Publications

[86] SHAFER G. 1976. A Mathematical Theory of Evidence [M]. Princeton: Princeton University Press.

[87] SHI W Z. 1994. Modeling Positional and Thematic Uncertainties in Integration of Remote Sensing and Geographic Information Systems[D] Enschede: ITC Publication.

[88] SHI W Z,GOODCHILD M F,FISHER P. 2002. Spatial Data Quality[M]. London: Taylor & Francis.

[89] SUNG K,POGGIO T. 1998. Example-based learning for view based human face detection [J]. IEEE Trans. on Pattern Analysis and Machine Intelligence. 20(1):39-51.

[90] SWANN W B J,et al. 2004. Finding value in diversity: verification of personal and social self-views in diverse groups [J]. Academy of Management Review. 29(1):9-27.

[91] UWECHUE OKECHUKWU A, PANDYA ABHIJIT S. 1997. Human Face Recognition Using Third-Order Synthetic Neural Networks. Kluwer Academic Publishers.

[92] WANG S L,WANG X Z,SHI W Z. 2002. Spatial data cleaning [C]// Proceedings of the 1st International Workshop on Data Cleaning and Preprocessing. Maebashi:88-98.

[93] WANG S L, et al. 2003. A method of spatial data mining dealing with randomness and fuzziness [C]// Proceedings of the 2nd International Symposium on Spatial Data Quality. Hong Kong:370-383.

[94] WANG S L,et al. 2004. A try for handling uncertainties in spatial data mining [C]// Lecture Notes in Artificial Intelligence. 3215:513-520.

[95] WANG S L,et al. 2004. Rough spatial interpretation [C]// Lecture Notes in Artificial Intelligence. 3066:435-444.

[96] WANG S L,et al. 2005. Attribute Uncertainty in GIS Data. [C]// Lecture Notes in Artificial Intelligence. 3614: 614-623.

[97] WANG S L,LI D R. 2005. A perspectives of spatial data mining [C]// MIPPR05. SPIE. 6045:18-1～18-10.

[98] WANG S L, YUAN H N. 2006. Spatial data mining view-angle [C]// Lecture Notes in Computer Science. 4093:1065-1076.

[99] WATTS D J. STROGATZ S H. 1998. Collective dynamics of small world networks [J]. Nature. 393: 440-442.

[100] ZADEH L A. 1965. Fuzzy sets [J]. Information and Control, 8(3): 338-353.

[101] ZADEH L A. 1994. Soft computing and fuzzy logic [J]. IEEE Software. 11(6): 48-56.

[102] ZIMMERMANN H J. 2001. Fuzzy Set Theory—and Its Applications [M] Boston: Kluwer Academic Publishers.

Abstract

Spatial data mining is an uncertain discovery from vast data to summarized knowledge, in the context of the various demands from different users under different spatial conditions. In this monograph, a spatial data mining view-angle is proposed to discover the various knowledge from the same datasets with many granularities under the uncertainties. It is the intension and extension of the uncertainties that steers the techniques to mange and control the uncertainties in spatial data mining in an acceptable degree. Cloud model integrates randomness and fuzziness, and data field gives the natural topological relationships of spatial data. They may implement the mutual transform between quantitative data and qualitative concepts. The view-angles of landslide-monitoring data mining and networked data mining show that the discovered knowledge with many granularities can match the demands from different users on the given data sets under the specific demands and granularities. This monograph may be a reference book to study spatial data mining, geo-spatial information science, computer science, complex network, and so on. And it may also be a textbook for postgraduate or graduate students.